# はじめての
# データサイエンス

滋賀大学データサイエンス学部・
山梨学院大学ICTリテラシー教育チーム　共編

学術図書出版社

# まえがき

本書『はじめてのデータサイエンス』は，ビッグデータ時代を生きるすべての大学生が身につけるべきデータサイエンスをリテラシーレベルで解説したテキストである．現在進行中の第 4 次産業革命の中で，社会に出たときにすべての人が知っておくべき知識の概要を扱っている．データサイエンスと聞くと，ひと昔前は理工系，統計学の専門家の知識と思われていたが，現在ではすべての分野において働く上で必要な知識となっている．また，データサイエンス・AI を活用したサービスが身近に存在するソサエティ 5.0 (Society 5.0) の社会では，普段の生活の中でもデータサイエンスの知識とデータを扱う上での心構えが必要不可欠となっている．

本書は，専門分野を問わず，大学 1 年生の教養課程での使用を想定している．特に，文科系の学生にも知っておいてほしい内容を扱っている．そのため，できるだけ数式の使用を避け，図表やグラフを多用して，文科系の学生にも理解できる説明となるよう努めた．また，いくつかの分野でのデータサイエンスの応用事例を紹介し，実社会でのデータサイエンスの役割を知識として学べる構成とした．具体的には以下のような項目を扱っている．

- データサイエンスの社会的な役割 (第 1 章)
- データサイエンスのための統計学の基礎 (第 2 章)
- データサイエンスの手法の紹介 (第 3 章)
- インターネットからのデータの取得と Excel を用いたデータ分析の初歩 (第 4 章)
- データサイエンスの応用事例 (第 5 章)

とりわけ第 4 章では，Excel を用いて統計量を算出するにとどまらず，インターネットで提供されている公共の統計データを取得する方法を丁寧に解説するよう心がけた．これにより，読者が「生きたデータ」を用いて学習できることが本書の特徴の 1 つである．データサイエンスの応用事例を扱う第 5 章では，はじめにデータサイエンスにかかわる国家戦略の解説を行い，社会の変化に応じて国がどのような施策を講じているのか理解を得た上で，行政分野，企業経営分野，健康分野，スポーツ分野の応用事例を紹介する．これによって，データサイエンスが現代社会でいかに必要とされており，どのような役割を果たしているかを知ることができる内容となっている．

本書の執筆中，2022 年 11 月の第 27 回国際度量衡総会にてそれまで最大であったヨタ ($10^{24}$) より大きな接頭辞に，ロナ ($10^{27}$)，クエタ ($10^{30}$) を追加することが発表された．大きな接頭辞を追加するのには，デジタル情報量の急激な増加が背景にあるとされている．また，現在，会話形式で質問に回答してくれる ChatGPT やテキストによる説明から AI が画像を生成する Stable Diffusion など，次々と新しいサービスが生まれている．こうしたサービスは新しい社会の仕組みを作るような力を秘めており，他人事ではなく自ら活用する時代が訪れようとしている．このように，データサイエンスに関わる分野の知識は日々更新されており，社会人となってもこの分野を学び続ける必要がある．本書を使って学んだみなさんが，データサイエンスが日々変化し進歩していることを応用事例を通して感じ取り，本書が，社会に出た後も学習を続けるための出発点になることを期待している．

なお，本書は，竹村彰通・姫野哲人・高田聖治編『データサイエンス入門 第 2 版 (データサイエンス大系)』を滋賀大学データサイエンス学部と山梨学院大学 ICT リテラシー教育チームの共同編集という形で，山梨学院大学の全学生向け総合基礎教育科目用にカスタマイズした書籍である．

2023 年 2 月

山梨学院大学　内藤 統也
滋賀大学　竹村 彰通

# 目　次

# 1 現代社会におけるデータサイエンス

この章では，まず 1.1 節で現代社会においてデータサイエンスが果たしている役割について述べる．その後 1.2 節ではデータサイエンスにかかわる倫理的な諸問題について解説し，1.3 節でデータ分析のためのデータの取得・管理方法について概観を与える．

## 1.1 データサイエンスの役割

### 1.1.1 ビッグデータの時代とデータサイエンス

情報通信技術や計測技術の発展により，多量かつ多様なデータが得られ，ネットワーク上に蓄積される時代となった．このようなデータは**ビッグデータ**とよばれる．ビッグデータ時代をもたらした象徴的な機器が**スマートフォン**である．スマートフォンという製品のジャンルを確立したアップル社の iPhone がアメリカで発売されたのは 2007 年のことである．iPhone はインターネットに常時接続し，マルチタッチの画面を備え，それまでの携帯電話，デジカメ，音楽プレーヤーの機能を 1 つの機器に統合した．そしてその後の 10 年間で，スマートフォンは多くの国で個人所有率が 7 割を超えるまでに普及した．最近のスマートフォンの能力は，30 年ほど前のスーパーコンピュータの能力に匹敵するといわれており，人々はそれだけの能力をもつコンピュータを身につけて行動していることになる．

無線通信の速度や容量の増加も著しく，いまではたとえば地下鉄の中も「圏内」となり，スマートフォンを用いることができる．このため地下鉄の中でも

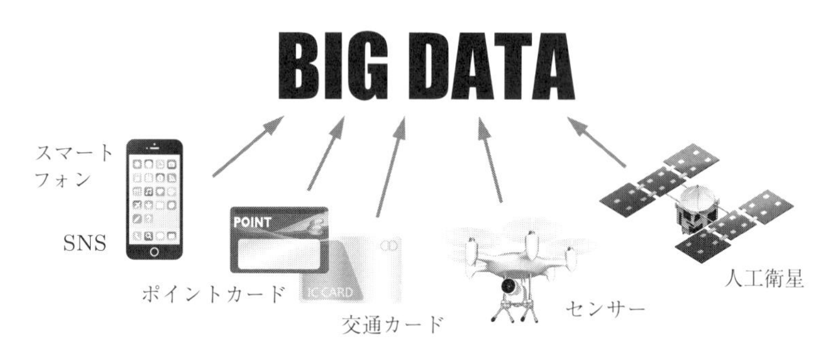


**図 1.1**　ビッグデータの概念図

人々はスマートフォンでソーシャル・ネットワーキング・サービス (SNS) を通じてメッセージを交換したり，ブラウザを用いて情報を得たりしている．そして，新聞や本を読んでいる人は少数となってしまった．10 年の間にこのような大きな社会的変化が起きた．

スマートフォンの他にも，コンビニでの買い物の際に**ポイントカード**を用いるとコンビニでの個人の購買履歴が蓄積されていく．ポイントカードを使うと消費者にはポイントがたまるメリットがあるが，企業側からすると個人の購買履歴の情報を得ることに価値がある．ポイントはこのような情報に対する対価と考えることもできる．また交通カードを使って電車に乗れば，いつどこからどこへ行ったかの移動の情報が蓄積されていく．

人々の SNS でのメッセージ交換の履歴，ウェブの閲覧履歴，購買行動の履歴はインターネット上のサーバに記録され蓄積されている．これらのビッグデータは，さまざまなニュースに対する人々の関心の高さや，商品やサービスのトレンドを分析するために利用されている．より詳しく，たとえば年齢や性別によって関心をもつ対象がどのように異なるか，消費行動がどのように異なるか，なども分析されている．これにより，たとえば企業が新商品を開発する場合，どのようなターゲットに向けて開発するかなどを具体的に検討することができる．このような分析が可能になったのはスマートフォンやポイントカードの普及により人々の行動履歴が直接に得られ蓄積されるようになったためであり，これは最近の大きな変化であるといえる．

科学の分野でも大量のデータが得られるようになり，データ駆動型の研究が進んでいる．一例として人工衛星からの観測を見てみよう．日本の天気予報に重要な役割を果たしている気象衛星「ひまわり」は，今から50年近く前の1977年に初めて打ち上げられた (「日本の気象衛星の歩み」[1])．

そして最新のひまわり9号は2016年11月に打ち上げられた．日本付近の気象衛星による観測は，初代のひまわりの3時間ごとから，ひまわり8号の2.5分ごとへと70倍以上の頻度に大きく向上した．分解能も初代のひまわりの1.25 km から，ひまわり8号の0.5 km まで向上した．2015年7月に運用のはじまったひまわり8号からの鮮明な台風の雲の動きは大きな反響をよんだ．気象庁のホームページではひまわりから観測した雲画像を10分ごとに更新して掲載している．

**図 1.2**　気象衛星ひまわり8号がとらえた2016年台風18号
出所：気象庁ウェブサイト[2]

また人工衛星を用いた位置測定 (米国の全地球測位システム GPS, Global Positioning System，など) はカーナビやスマートフォンの位置情報に不可欠のものとなっているが，2017年10月には日本版 GPS 衛星「みちびき」の4号機の打ち上げが成功した．これにより，天頂付近にとどまる「準天頂衛星システム」は4機体制となり，衛星のいずれか1機が常に日本の真上を飛ぶことによりデータを24時間使うことが可能になった．この新しい衛星システムは誤差がわずか数 cm という極めて正確な位置情報を提供し，たとえば無人トラクターによる種まきや農薬の散布などへの応用が考えられている．このように人工衛星からの詳細なデータは我々の生活に不可欠なものとなっている．

ビッグデータとして今後重要性が増してくるのは，さまざまなセンサーから得られるデータである．センサーは我々の身近な機器にもどんどん搭載されている．スマートフォンでは，画面の明るさを自動調整するためには輝度センサーが，画面の自動回転のためにはモーションセンサーが使われている．また地磁気センサーもついているので，スマートフォンの地図を用いるときに利用者がどちらの方向を向いているかがわかる．最近の高機能な体重計 (デジタルヘルス

---

1) https://www.data.jma.go.jp/sat_info/himawari/enkaku.html
2) https://www.data.jma.go.jp/sat_info/himawari/obsimg/image_tg.html

メーターや体組成計ともよばれる) では，体重だけでなく体脂肪率，体水分率，筋肉量なども測ることができ，またスマートフォンと連携することでデータの記録もできる．

自動車については，自動運転の実現が期待されている．自動運転が実現し一般化することで，過疎地域などの交通サービスの課題が解決できる．自動運転車はカメラや，レーザー光を使ったセンサーであるLiDARを使って自車の周りの環境を認識する．また，信号機や周りの車と通信することによって，環境の認識の精度をあげることができる．

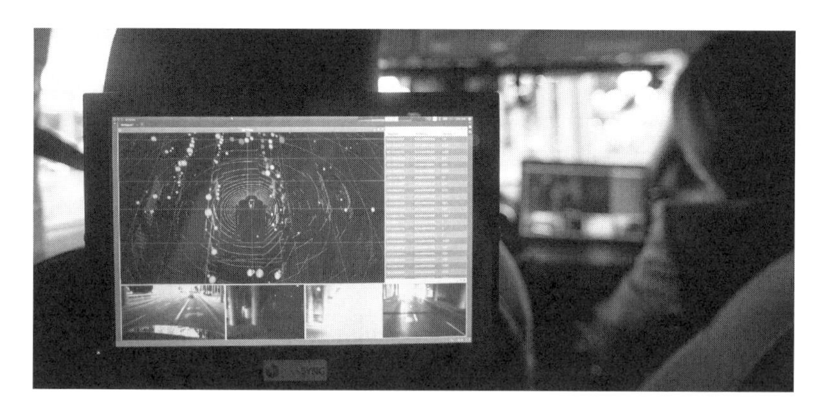

**図1.3**　LiDAR
Photo by David McNew/Getty Images

このようにさまざまなモノにとりつけられたセンサーからの情報をインターネットを介して利用することを**IoT** (Internet of Things, モノのインターネット) とよんでいる．IoTの技術を生産現場に応用して，生産性の向上や故障の予知などをおこなう工場はスマート工場とよばれる．スマート工場による生産性の向上はドイツで「インダストリー4.0」として提唱され，その後工場に限らずより広い経済活動の変革をもたらす言葉として**第4次産業革命**が使われるようになった．また**ソサエティー5.0** (Society 5.0) は，日本が提唱する未来社会のコンセプトであり，コンピュータとネットワークから構成されるサイバー空間 (仮想空間) と我々が実際に暮らしているフィジカル空間 (現実空間) を融合させることにより新たな社会を築こうとするものである．

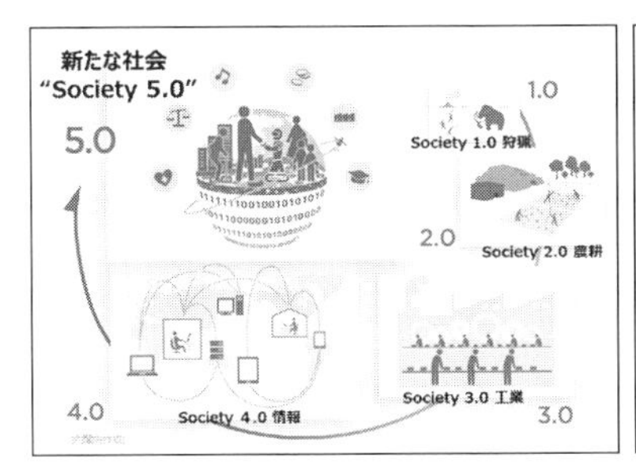

**図 1.4** ソサエティー 5.0 (Society 5.0)
出所：内閣府ウェブサイト `https://www8.cao.go.jp/cstp/society5_0/`

スマートフォン，ポイントカード，人工衛星などから得られるデータは大量であり典型的なビッグデータである．ビッグデータの特徴としては Volume (量)，Variety (多様性)，Velocity (速度) の 3V とよばれる性質があげられることが多い．Volume の意味は明らかであるが，Variety (多様性) とはたとえば画像データや音声データなどのさまざまな形式のデータがあることを意味し，Velocity (速度) はウェブ検索において短時間に検索結果を返すような高速な処理が求められることを意味している．気象衛星ひまわりのデータでも，可視光のデータのみならずさまざまな波長の赤外線のデータが観測され，地上に常時送られ，これらのデータは組み合わせて実時間 (リアルタイム) 処理され，雲の様子など天候の状況が可視化されている．

しかしながら，典型的なビッグデータのみが有用なわけではないことに注意する必要がある．以前は紙で処理していた事務作業のほとんどがパソコンで行われるようになり，表計算ソフトのワークシートの形でデータを保存することが容易になった．またデータを保存しておくためのハードディスクなどのストレージの価格も下がっている．このため，我々の生活のあらゆる場面でデータが入力され保存され，データが社会に溢れるように遍在する時代となった．このような時代において，典型的なビッグデータと限らず，あらゆる種類のデータを処理・分析して，そこから有用な情報 (価値) を引き出すための学問分野が**データサイエンス**である．

### 1.1.2　資源としてのデータ

最近ではデータは「21世紀の石油」ともよばれるようになり，データが新たな経済的な資源と考えられるようになっている．データを経済的な資源と考えるときに，データを保有するものが有利となる．実際，アマゾンなどのインターネット上の巨大企業は膨大なデータを蓄積し，経済的な優位性を築いている．最近ではグーグル，アップル，フェイスブック(現メタ)，アマゾンの4つの巨大企業は，それぞれの頭文字をとって「GAFA」とよばれるようになった．以前はこれにマイクロソフト社を加えてGAFMAとよばれることもあったが，最近では特にモバイル(携帯)分野でのマイクロソフト社の影の薄さから，GAFAがインターネット上の巨大企業を表す用語として使われることが多い．これらの4社は，それぞれの得意分野のインターネットサービスにより世界中で億人単位のユーザーを囲いこんでおり，個人のデータを大量に収集し，データを分析して新たなサービスを展開している．

**図1.5**　GAFA

中国は，政府の政策により，国内のインターネット事業者を保護しており，中国国内市場自体の大きさからGAFAに匹敵する巨大企業を生み出してきた．代表的な巨大企業として，バイドゥ(百度)，アリババ(阿里巴巴)，テンセント(騰訊控股)の3社はBATとよばれている．

このように米国でも中国でも，ビッグデータを資源として利用した企業が急激に成長し，さまざまな基盤的なサービスを提供している．このように資源としてのデータの利用がイノベーションをもたらしている社会を**データ駆動型社会**とよんでいる．

GAFAやBATのサービスは，ユーザーが増えれば増えるほど便利になりサービスがさらに向上するという「ネットワーク効果」をもっており，これらの企業は**プラットフォーマー**とよばれている．プラットフォーマーとは，第三者がビジネスや情報配信などを行う基盤として利用できるサービスやシステムなどを提供する事業者を指す．たとえばフェイスブックは，SNSのプラットフォーマーであり，ウェブ上で仕事や趣味のグループ活動などの社会的ネットワークの場を提供してきた．同様のサービスは他にも存在しているが，たとえばネット上での同窓会の運営を考えてみても，1つのサービスに加入している人が多ければ多いほど運営がやりやすくなることから，いったんユーザーが集まったサービスにはさらに多くのユーザーが集まるというネットワーク効果が働く．このためフェイスブックはSNSのプラットフォーマーとしての地位を築いてきた．

これらのプラットフォーマーが活躍する基盤であるインターネット自体は，分散的なネットワークであり，電話番号にあたるIPアドレスやドメイン名の取得に一定のルールがあるものの，ルールを守れば自由にローカルなネットワークをインターネットに接続できる．インターネットでは，個人でも自由にサーバをたて，ホームページを公開できる．このようにインターネットの基盤自体は分散的な構造であるのに，その基盤上に構築されたサービスに独占的な傾向が生まれていることは注目に値する．

ところで2018年4月のはじめに，フェイスブックから最大で8700万人もの個人情報が流出したというニュースが報道された．これらのデータはケンブリッジ・アナリティカというデータ分析会社に渡り，2016年の米大統領選でもトランプ陣営に有利になるように使われたのではないかと疑われている．この事件により，フェイスブックによる個人情報の扱いに批判が集まっており，フェイスブックの今後に暗雲が漂いはじめているようにも思われる．このように，データは今日の最も重要な資源と考えられているが，その有用性ゆえに，その扱いを誤ったときの影響は大きい．

データが資源といっても，ためているだけでは価値を生むことはなく，宝の持ち腐れになってしまう．豊かな自然資源をもつ国でも，その資源を加工する技術をもたなければ，資源を輸出するだけでなかなか先進国と伍していくことができない．データについても，データ自体と，データを処理・分析する技術の双方が重要である．残念ながら，現在の日本は，データを外国企業にとられ，また活用もされている状況が続いている．日本でもデータは常時生み出されているから，日本に欠けているのはデータを加工・分析する技術，あるいはそのような技術をもち社会の仕組みをデザインする人材である．

まずは21世紀の石油としてのデータとその加工・分析の重要性が広く認識さ

れ，一般的なデータサイエンスのリテラシーを向上することが重要である．日本の政府や経済界も，文系理系を問わず全学的な数理・データサイエンス教育の充実を重要な教育方針としてあげている．その上で，データサイエンスに専門性を有する人材の組織的な育成も求められる．データを処理・分析し，データから価値を引き出すことのできる専門的な人材をデータサイエンティストとよぶ．

データサイエンティストに必要な素養にはどのようなものがあるだろうか．まずデータの処理のためにはコンピュータを用いる必要があり，情報学あるいはコンピュータ科学の知識が必要である．またデータの分析のためには統計学や機械学習の知識が必要である．さらにそれらの基礎としてはある程度の数学の知識も必要となる．すなわちデータサイエンスの技術的な基礎は情報学と統計学であり，これらは理系的な分野である．一方で，すでに述べたように，最近の大きな変化は人々の行動履歴のデータが得られるようになったことであり，データサイエンスの応用分野は人や社会に関連する分野であることが多い．すなわちデータサイエンスの応用分野は多くの場合文系的である．この意味でデータサイエンスは文理融合的な分野である．

データの観点から見ると，文理の区別自体が意味をもたない．たとえば円とドルの為替レートのデータを考えてみよう．これは経済に関するデータであるから文系といえる．他方で毎日の気温のデータを考えると，これは気象に関するデータであるから理系といえる．ただし，どちらも時系列データという点で

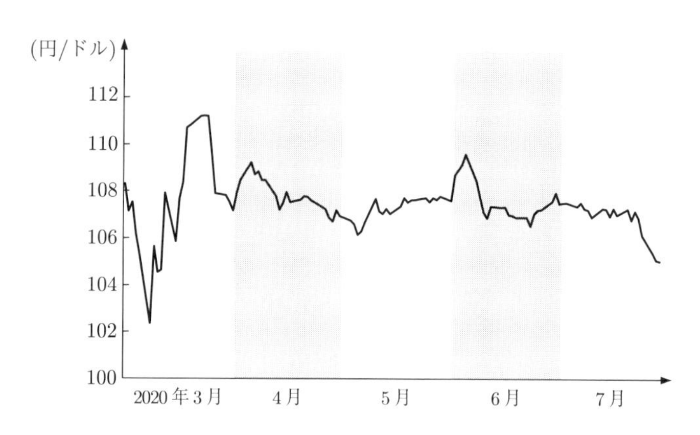


**図 1.6**　円とドルの為替レートの時系列データ

は同じであり，これらのデータを分析する際に同様の手法を用いることができる．すでに述べたように，最近ではパソコンを使った作業が一般化し，あらゆる分野でデータが得られるようになっている．このことからも文理の区別は実際上の意味がないことがわかる．データサイエンティストは，情報学と統計学のスキルを用いて，文理を問わずあらゆる分野のデータを分析し，必要に応じてそれぞれの分野の専門家と協力しながら，データから価値を引き出すことのできる人材である．

文系理系の区別は日本の教育の 1 つの問題点である．この区別は大学入試に関連して強まる傾向にある．大学への進学を考える高校生の多くは，高校 1 年生の終わりにすでに文系か理系を選択し，その区別にそって入学試験の準備をはじめる．そして文系を選択した学生は理系の科目，特に数学の勉強を避ける傾向がある．日本の企業では経営者は文系出身者であることが多いから，経営者の多くが「数字に弱い」傾向となる．そのためエビデンス (証拠) に基づく意思決定よりも「経験」と「勘」による意思決定が行われることが多くなる．他方，技術者もキャリアパスが技術系に閉じていることが多く，技術的な専門性は高いものの，たとえば消費者の嗜好がどこにありそのためどのような技術が求められているのか，といった経営的な判断をすることが少ない．しかしながら，ICT (Information and Communication Technology，情報通信技術) がこれだけ進歩した現状では，求められているのは技術のわかる経営者であり，また経営のわかる技術者である．政府や自治体においても最近ではデータに基づく政策立案・評価が重視され，これは**証拠に基づく政策立案** (EBPM, Evidence Based Policy Making) とよばれる．

### 1.1.3 現代のそろばんとしてのデータサイエンスと AI (人工知能)

文系理系の区別は，日本の社会に見られる縦割りの構造の 1 つの表れである．日本の大学の学部や学科の構成は，対応する産業分野への人材供給を基本的な考え方としているように思われる．伝統的には，法学部卒業生は公務員に，経済学部卒業生は金融機関に就職する，というように考えられていたし，工学部でも電気工学科や機械工学科といった学科構成は製造業の各分野に対応している．これに対してデータサイエンスは分野を問わず必要とされるものであり，汎用的あるいは「横串」の手法である．一方それぞれの固有の専門領域やそれらの分野で用いられる手法を「縦串」とよぶことにすると，日本ではまずそれぞれの専門分野の縦串の手法を学び，統計学や情報学のような横串の手法は「後から必要に応じて勉強すればよい」とやや軽く考えられてきた傾向がある．

このような傾向の中で，日本の企業では統計的なデータ分析についても「数字だけわかっていてもだめだ」，「現場がわからなければだめだ」などの反応が見られることが多かった．個別分野の専門性の深さはもちろん重要であるが，一方で最近のインターネット関連のイノベーションには横串の手法のほうがより貢献が大きく，技術のあり方自体が変化しているように思われる．

横串の学問として最も基礎的な学問は数学であり，日本では江戸時代から「読み・書き・そろばん」が教育の基本となっていた．現在ではそろばんはコンピュータに対応すると思われるが，ビッグデータ時代においては，データをコンピュータや数学を用いて扱うスキルに対応すると考えるほうがよいであろう．すなわちデータサイエンスは21世紀のそろばんと考えることができる．文系理系を問わず全学的な数理・データサイエンス教育の充実を重要な教育方針としてあげている文部科学省の方針も，このような考え方が背景にある．データの重要性が認識されるにつれて，日本の企業においても，「数字だけわかっていてもだめだ」，「現場がわからなければだめだ」という反応から，「データを活かしきれていない」，「データサイエンスの観点からデータを見てほしい」という反応に変わってきているのが現状である．

このように，データサイエンスの考え方や基本的な手法は，現代のそろばんとして，広く学ばれるべきものである．

ビッグデータの活用において最近大きな注目を集めている技術が**AI (人工知能**，Artificial Intelligence) 技術である．人工知能とは，コンピュータに人間の知的な行動をおこなわせる技術であり，コンピュータが誕生した頃から研究がはじまっていたが，最近この技術が注目されているのは**深層学習** (Deep Learning) 技術の急速な発展のためである．深層学習は2012年に画像認識を競う国際会議で従来手法を大幅に上回る性能を上げたことにより注目されるようになった．その後，グーグルが開発した囲碁プログラム AlphaGo (アルファ碁) が2016年

**図 1.7**　韓国のプロ棋士イ・セドルと AlphaGo の対局 (2016 年 3 月)
Photo by Google via Getty Images

に韓国のトップ棋士に勝利したことにより，一般の人々にもこの技術の有用性が広く認識されるようになった．深層学習は，脳の神経細胞を模したモデルであるニューラルネットワークモデルにおいて，階層の数を多くした複雑なモデルを利用している．複雑なモデルを構築するにはビッグデータが必要となるため，ビッグデータの存在と AI 技術の発展は表裏一体といってもよい．深層学習は，画像解析においてはすでに広く用いられているが，音声データやテキストデータの解析にも有効であり，音声認識や自動翻訳の精度の向上をもたらしている．AI 技術の急激な発展を受けて政府は 2019 年 7 月に「AI 戦略 2019」を策定し，文部科学省はすべての大学生が学ぶべきものとして数理・データサイエンス・AI 教育の全国展開を進めている．

深層学習などの最近の AI 手法は，ビッグデータを用いて人間の知的活動を模倣する性格が強く，その意味でデータを起点としたものの見方に基づいている．それ以前の人工知能の研究は論理的思考などを計算機上に実現しようとしたものであり人間の知的活動を起点としたものの見方に基づいていた．現在ではデータを起点としたものの見方の有用性が強く認識される時代であるが，データに基づきつつ責任を持った判断をおこなうのは人間であって AI ではないから，人間の知的活動を起点としたものの見方も常に重要である．

### 1.1.4　求められるデータサイエンティスト

ビッグデータという言葉が用いられるようになったのは2010年頃からであるが，その頃にアメリカではデータサイエンティストや統計学を専門とする統計家が魅力的な職業であるといわれるようになった．2008年には，著名な経済学者でその当時グーグルのチーフエコノミストであったハル・ヴァリアンが「これから10年間の最も魅力的な仕事は統計家だといつもいっているんだ」(“*I keep saying the sexy job in the next ten years will be statisticians*”) と発言した．また2009年にはその当時グーグル上級副社長であったジョナサン・ローゼンバーグが「データは21世紀の刀であり，それをうまく扱えるものがサムライだ」(“*Data is the sword of the 21st century, those who wield it well, the Samurai*”) と述べた．同様の文章はエリック・シュミットとジョナサン・ローゼンバーグの *How Google works* (Grand Central Publishing, 2014)[3) ]という本の中でも繰り返されている．

このような発言を裏付けるデータとして，アメリカ統計学会のニュースレターに示されている統計学および生物統計学の学位の授与数のデータがあげられる．それによると，統計学および生物統計学の学士号 (学部卒) の授与数は2009年には700名程度であったものが2019年には4500名くらいになっている．また修士号 (修士卒) の授与数は2009年には2000名程度であったものが2019年に

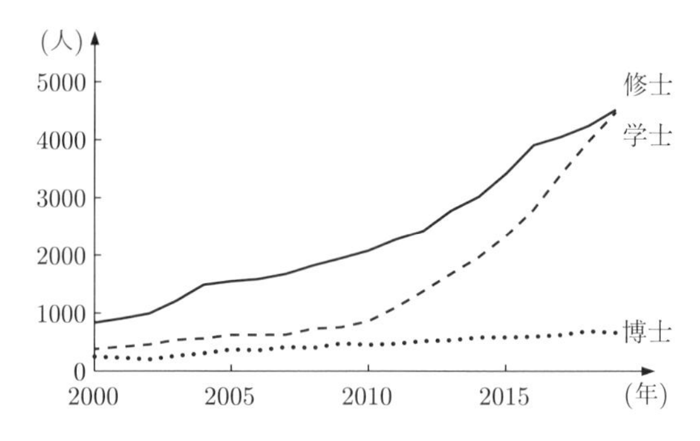


**図1.8**　アメリカにおける統計学・生物統計学の学位授与数の推移 (2000〜2019年)
データの出所：アメリカ統計学会
https://ww2.amstat.org/misc/StatBiostatTable1987-Current.pdf

[3)] 日本語翻訳版は，土方奈美訳，『How Google Works』(日本経済新聞出版社，2014).

は4500名くらいとなっている．特に学士については10年で数倍の伸びとなっている．アメリカでは多くの大学に統計学科が昔から存在するが，統計学科における教育がコンピュータも重視したデータサイエンス教育にシフトしつつあり，卒業後の就職状況も良いことから，学生からの人気につながっていると思われる．

中国にも300以上の大学に統計学部・学科があるといわれている．中国のIT化は急速であり，すでにふれたBATとよばれる巨大インターネット企業が多くのデータサイエンティストを採用している．

これに対して日本ではデータサイエンティストを組織的に育成する体制ができていない．2017年4月に滋賀大学に日本初のデータサイエンス学部が開設されるまで，日本には統計学を専攻する大学の学部や学科が存在していなかった．2018年4月には横浜市立大学にもデータサイエンス学部が開設された．その後も毎年のようにデータサイエンス系の学部が新設されているが，まだまだ日本はデータサイエンスの分野でアメリカや中国に比べて大きく出遅れている現状であり，ともかくデータサイエンティストの数が少ない．一方で最近になって日本でも多くの企業がデータサイエンス部門を新設するなど，急激にデータサイエンティストに対する需要が増えており，多くの企業でデータサイエンティストがなかなか確保できない状況となっている．

このようにデータサイエンスに対する全般的なリテラシーを向上するとともに，専門家としてのデータサイエンティストの組織的な育成も求められている．これらはデータサイエンス教育における車の両輪ともいえる．

## 課題学習

***1.1-1*** 世界各国におけるスマートフォン所有率の推移を調べよ．

***1.1-2*** 新聞やインターネットニュースでデータサイエンスの活用に関する記事を集め，応用分野ごとに分類せよ．また，興味をもった活用事例について調べよ．

## 1.2 データサイエンスと情報倫理

一般に「士業」とよばれる弁護士や公認会計士，建築士といった職業には，それらに係わる国の法律がある．その職務遂行には法令に基づく規則や規制があり，免許や資格のない者がそれらの肩書きを名乗ることは禁じられている．

データサイエンティストの場合はどうだろう．個人情報や著作権などを保護する法律はあるものの，データを扱うのに免許などはいらない．関連する学会や協会によるスキル認定の試験はあるが，データサイエンティストの肩書きは誰でも名乗ることができる．それでも，仕事の中でデータを活用しようとする者は，自らの営みが自分の組織や社会を豊かにすることを考えるだけでなく，人々や世の中にどのような関わり合いを持つのか省みることも必要である．

本節では，データやAI (人工知能) 技術を扱う者が知っておくべき倫理について，規則 (ルール) や留意すべき道徳 (モラル)，具体事例を交えながら考えてみる．なお，本節での言葉遣いでは，「データ」と「情報」は互いに区別せず用いている[4]．

### 1.2.1 倫理・法律・社会的含意 (ELSI)

データサイエンスを含めて科学技術に携わる者は，さまざまな利害関係者のことを理解しなければならない．

米国の国立衛生研究所は，ヒトゲノムプロジェクト (人類の遺伝子解析研究) を立ち上げた当時の1990年，倫理 (Ethical)・法律 (Legal)・社会的含意 (Social Implications，または社会課題 Social Issues) に関する「ELSIプロジェクト」を発足させた．遺伝子を解析し，操作できるようになると，ゲノム編集による農畜産物やゲノム創薬など，多くのイノベーションが生まれることが期待される．同時に，一般市民の暮らしや価値観，そして社会に大きなインパクトを与えることも予見される．ELSIプロジェクトは，そのようなインパクトに備える必要性を考慮したものであった．ELSIは，ヒトゲノムにとどまらずこれまでに存在していなかった新興の科学技術がもたらしうる影響を論じるキーワードとして繰り返し用いられており，このことの重要性は情報を扱う者にも当てはまる．

---

[4] データ Data，情報 Information に知識 Knowledge，知恵 Wisdom を加えて階層化して捉える考え方 (**DIKWヒエラルキー**) もあるが，本節はそれに従っていない．

1990年代の半ば，情報技術と通信技術はともに大きく変化した．それまでは専門家がキーボードで命令を打ち込んで操作していた電子計算機の世界が，マウスのクリックで動かせるパーソナル・コンピュータ(PC)の登場により一般に普及するようになった．時を同じくして，研究機関や企業の中のコンピュータ・ネットワークは，それぞれが閉じた世界で運用されていたものが徐々に相互接続され(インターネット)，情報が開放されるようになった．この環境変化は，それまで専門家によって請け負われていた情報処理の世界を大きく変えてしまった．一般市民も含めたさまざまなプレイヤーが参入してきたことで，サイバー空間の中にさまざまな情報が自由気ままに流通するようになった．なかには，芸能人の写真や音楽，また猥褻な画像が不法にやりとりされ，電子掲示板で中傷や噂話が拡散する場合もあった．

これらは，それまでの社会が経験したことのないことであった．法制度は既存のものでは手に負えず，また，速い変化に容易に追いつけなかった．当時の日本には，ネットワークに不正に侵入されてもそれを犯罪として取り締まる法律はなかった[5]．その一方で，上場会社が自社のウェブサイトに決算情報を即時掲載することは，**インサイダー取引**になりかねないとされて規制された[6]．

このような中，情報処理技術者のコミュニティである**情報処理学会**は，1996年，倫理綱領を制定した(図1.9)．これは，情報処理技術が社会に対する強力で広範な影響力を持っているという状況認識の下，情報処理に関わる社会的課題に取り組んでいる専門家である情報処理学会会員の行動規範を打ち出すものであった．この倫理綱領は，士業のような法的裏付けが与えられているわけではない情報処理技術者という専門家集団が負う役割と責任を，社会に認知させるものでもあった[7]．

今日，データサイエンスとよばれる科学技術は，加速し続ける情報通信技術を基盤として経済・社会のあらゆる場面に浸透している．人の生活や産業活動

---

[5] **不正アクセス禁止法**が施行されたのは2000年．

[6] 1995年，ある企業が決算情報を自社サイトに即時掲載することを表明したが，当時の**証券取引法**施行令の規制のため，その実現は見合わされた(当時は，情報を報道機関に公開してから12時間以内に行われる取引は内部情報を利用した不公正なものとみなすこととされていた)．翌年以降，開示された決算情報は3日後や12時間などの時差を設ける形でサイト掲載が進んだが，即時掲載が法令上認められたのは2004年になってからだった．

[7] 他にも，日本計量生物学会による「統計家の行動基準」(2013年)などがある．

**情報処理学会倫理綱領**　(1996年5月20日制定)

前文

我々情報処理学会会員は，情報処理技術が国境を越えて社会に対して強くかつ広い影響力を持つことを認識し，情報処理技術が社会に貢献し公益に寄与することを願い，情報処理技術の研究，開発および利用にあたっては，適用される法令とともに，次の行動規範を遵守する．

1. 社会人として
   - 1.1　他者の生命，安全，財産を侵害しない．
   - 1.2　他者の人格とプライバシーを尊重する．
   - 1.3　他者の知的財産権と知的成果を尊重する．
   - 1.4　情報システムや通信ネットワークの運用規則を遵守する．
   - 1.5　社会における文化の多様性に配慮する．

2. 専門家として
   - 2.1　たえず専門能力の向上に努め，業務においては最善を尽くす．
   - 2.2　事実やデータを尊重する．
   - 2.3　情報処理技術がもたらす社会やユーザへの影響とリスクについて配慮する．
   - 2.4　依頼者との契約や合意を尊重し，依頼者の秘匿情報を守る．

3. 組織責任者として
   - 3.1　情報システムの開発と運用によって影響を受けるすべての人々の要求に応じ，その尊厳を損なわないように配慮する．
   - 3.2　情報システムの相互接続について，管理方針の異なる情報システムの存在することを認め，その接続がいかなる人々の人格をも侵害しないように配慮する．
   - 3.3　情報システムの開発と運用について，資源の正当かつ適切な利用のための規則を作成し，その実施に責任を持つ．
   - 3.4　情報処理技術の原則，制約，リスクについて，自己が属する組織の構成員が学ぶ機会を設ける．

**図 1.9**　情報処理学会倫理綱領

出所：情報処理学会ウェブサイト `https://www.ipsj.or.jp/ipsjcode.html`

がますますデータ駆動 (data driven) になる中，データサイエンスもELSIに無関心ではいられない．

マイクロソフト社長ブラッド・スミスは，その著書[8)]の中でこう述べている．「世界を変えるような技術を開発したのなら，その結果として世界が抱えることになる問題についても，開発の当事者として解決に手を貸す責任を負う．」

---

8) Brad Smith, Carol Ann Browne (斎藤栄一郎訳)『Tools and Weapons —テクノロジーの暴走を止めるのは誰か—』(プレジデント社，2020)

### 1.2.2 個人情報保護

自分の生活が他人から興味本位で見られたり干渉されたりすることは，気持ちのよいことではない．そのようなことがなく安心して過ごすことができる権利が**プライバシー**である．個人情報はこの権利を守るために保護されるべきものである．

日本において個人情報に関する法律が施行されたのは，1989 年，官庁を対象に規制する「行政機関の保有する電子計算機処理に係る個人情報の保護に関する法律」が初めてのものだった．その後，1990 年代の情報通信革命を経て国民的なプライバシー意識の高まりを受け，民間も含めた包括的な**個人情報保護法**が2005 年になって施行された．

#### (1) 個人情報の定義

個人情報保護法では**個人情報**を「生存する個人に関する情報であって，氏名や生年月日等により特定の個人を識別することができるもの」としている．

個人情報とは「氏名」·「住所」·「生年月日」·「性別」に限ったものであるという考えは誤解である．その 4 情報は**住民基本台帳ネットワーク**が保有している基本情報であり，それら以外にも「特定の個人を識別することができる情報」であれば何でも個人情報に該当する．たとえば，12 桁の数字である**マイナンバー**も人の容貌 (たとえば顔の画像) も，特定の個人を識別できればそれは個人情報である．

---

**コラム　統計法**

第二次世界大戦下の日本では，国の統計データは気象情報同様に軍事上機密扱いとされ，戦中最後の大日本帝国統計年鑑 (1941 年刊) には，「防諜上取扱注意」と印刷されていた．しかし，当時のその品質は心もとなかったようだ．戦後，吉田茂総理の「統計がしっかりしていたら，もともと戦争もなかった」という言葉に日本占領軍マッカーサー司令官も納得したという．

そのような反省に立って 1947 年に作られた統計法は，日本国憲法よりも先に施行された．統計調査の真実性を確保するために，統計調査の秘密を守り，作成した統計は公表することなどが定められている．

国の統計調査の秘密保護は，個人情報保護法ではなく統計法のこの規定により守られている．

---

### (2)　4つのルール

個人情報はその人自身のものであるから，本人以外が勝手に扱ってよいものではない．このため，個人情報保護法では，個人情報を取り扱う事業者に対して次の4つのルールを設けている[9)]．いずれも自分の情報の預け先になる事業者には守ってもらいたいことである．

① 取得・利用：目的を特定して通知・公表し，その範囲内で利用
② 保管：漏えい等が生じないよう，安全に管理
③ 提供：第三者への提供は，あらかじめ本人から同意
④ 開示請求等への対応：本人からの請求に対応

これらに違反の場合は，政府の個人情報保護委員会からの勧告や命令を受けたり，刑罰を科されたりすることがある．

### (3)　匿名加工情報

個人情報は，ルールの3番目にあるとおり，本人の同意なしに第三者に提供してはならない．それでも，個人情報は，個人を特定しない統計処理など，適切に加工すればそこから知識や洞察を引き出せる可能性がある．

そこで，個人情報が復元されないように作った「**匿名加工情報**」であればこれを第三者に利活用させてもよい，という仕組みが，2015年の改正個人情報保護法で新たに設けられた．匿名加工情報の作成は，政府の個人情報保護委員会が定めた最低限の規律をもとに，民間事業者が自主的なルールを策定して取り組むことが期待されている．たとえば，交通系ICカードPiTaPaを展開する事業者スルッとKANSAIは，図1.10に示すように匿名加工情報の作成・提供について公表している．

### (4)　個人データの越境移転

個人情報保護法は，外国とのデータのやりとり(**越境移転**)に規制を設けている．外国では，経済や文化などが必ずしも日本と同じわけではなく，そもそも日本の個人情報保護法は適用されない(その国の法律が適用される)ことから，自国の個人情報を守るために，そのような規制があるわけである．

---

9) 個人情報取扱事業者とは個人情報データベースなどを事業の用に供している者である．これには営利企業だけでなく同窓会などの非営利組織もその対象として含まれている．

PiTaPa

法人向けPiTaPa / お問い合わせ PiTaPa倶楽部ログイン

PiTaPaってなに? / PiTaPaを選ぶ / ご利用エリア / PiTaPaショッピング / PiTaPa入会方法 / PiTaPaオンライン入会

匿名加工情報の作成および提供について

トップ > 匿名加工情報の作成および提供について

当社は、法令等に基づいた適正な加工方法に基づき、特定の個人を識別することや個人情報を復元することができないようにした匿名加工情報を作成し、第三者に提供します。
また、今後も同様に匿名加工情報を継続的に作成し、第三者に提供することを予定しています。

〔匿名加工情報に含まれる個人に関する情報の項目〕

- カードIDi(特定の個人を識別できず、かつ復元できない方法で加工し暗号化したもの)
- 一件明細ID(特定の個人を識別できず、かつ復元できない方法で加工し暗号化したもの)
- 乗降車履歴、郵便番号、性別、年代(5歳毎の年代)、学生区分

〔匿名加工情報の提供方法〕

- パスワードにより保護された電子ファイルを記録した外部記憶媒体を手交、またはセキュリティを確保した輸送手段により配送し提供する

2020年7月15日
株式会社スルッとKANSAI

**図 1.10**　匿名加工情報の例：PiTaPa
出所：株式会社スルッと KANSAI ウェブサイト
`https://www.pitapa.com/misc/tokumei.html`

このような規制が存在することから，日本で事業を営む外国企業は，日本で取得した個人情報を各個人からの同意を得ることなしに本国に持ち出すことはできない．立場を変えて，日本企業が外国で事業を営む場合も同様の規制を受けることになる．たとえば，自社のオンラインゲームを海外ユーザにも遊んでもらうために，サービス提供先の国でプレイするゲーム会員の情報を日本の本社が取得しようとする場合，この個人情報の移転行為がその国の法律にとって抵触しないことを確認しておく必要がある．そうしておかないと後になってから問題が起きる場合がある．

ビジネスを円滑に進めるために必要なデジタル貿易ルール作りに向けて，2019 年大阪で開催された **G20** 首脳会議では議長国日本が「信頼性のある自由なデータ流通」(**DFFT**, Data Free Flow with Trust) を提唱し，これは首脳宣言に盛

り込まれた．その後，世界貿易機関 (WTO) において電子商取引交渉は続いているが，本書執筆時の現時点ではグローバルなルール策定には至っていない．

それでも，日本は，二国間 (米国など) や地域で対話を行っており，中でも代表的なものが 2019 年に発効した**欧州連合 (EU)** との間で設けられた相互の円滑な個人データ移転枠組である (図 1.11)．EU には日本の個人情報保護法に対応するものとして「**一般データ保護規則**」(**GDPR**, General Data Protection Regulation) がある．日本の個人情報保護法は EU の GDPR と完全に一致しているものではないが，この個人データ移転枠組の発効に当たり，日・EU の両者はそのギャップを双方でできる範囲で埋めながら相互のビジネスがスムーズに行えるように，それぞれに「補完的ルール」を設けた．このルールでは，たとえば，EU 域内から提供を受けた情報に性的指向や労働組合に関することが含まれる場合には，日本の個人情報保護法の「要配慮個人情報」と同様に取り扱うことなどが定められている．もっとも，たとえば GDPR の「**忘れられる権利**」は日本の個人情報保護法には存在せず，補完的ルールでもそこまでの担保は求

News Release

日 EU 間の相互の円滑な個人データの移転
～ボーダレスな越境移転が実現～

平成 31 年 1 月 22 日

日 EU 間の相互の円滑な個人データ移転を図る枠組みが、本年 1 月 23 日に発効します。

本枠組みの構築に関しては、日 EU 双方の経済界の要望等も受け個人情報保護委員会と欧州委員会との間で交渉を重ね、平成 30 年 7 月、個人情報保護委員会が個人情報保護法第 24 条に基づく指定を EU に対して行い、欧州委員会が GDPR 第 45 条に基づく十分性認定を我が国に対して行う方針について合意に至りました。この合意を踏まえて、我が国においては、第 85 回個人情報保護委員会において、上記の EU 指定を 1 月 23 日付けにて行うことを決定しました。また、欧州委員会においても、上記の我が国の十分性認定を同 23 日付けにて決定する予定となっています。

**図 1.11**　国をまたがるビジネスのために円滑な個人データ移転
出所：個人情報保護委員会ウェブサイト
https://www.ppc.go.jp/news/press/2018/20190122/

められていない.

他にも，二国間協定(米国など)や「環太平洋パートナーシップ」(TPP)などの地域協定の中で，個人情報の保護や越境移転に関する規程が設けられている.

### 1.2.3 情報セキュリティ

ここでは，個人情報の2番目のルール「② 保管：漏えい等が生じないよう，安全に管理」を掘り下げ，情報セキュリティについて見てみる．これには3つの要素，**機密性・完全性・可用性**があり，それぞれに打つべき対策がある[10].

#### (1) 機密性

機密性とは，情報を取り扱う権限のない「相手」(人間に限らず，機械の場合も)に情報が不用意に見られたり使われたりしないことである.

そのためには，IDとパスワードを設定することで情報アクセスに錠をかけたり重要な情報システムにはワンタイムパスワードを併用したりといった**認証管理**や，特に機微な情報のやりとりでの**暗号化**といった対策がある．加えて，パソコンへの**アンチウイルスソフト**の導入や不正アクセスの原因となるソフトウェアのぜい弱性(**セキュリティホール**)に対するアップデートの適用も欠かせない.

対策は，機械系だけでなく，人間系にも注意が必要である．画面を背後から覗き見られたり，悪意のある者から送りつけられたウイルス付きメールをうっかり開いてしまったりといった攻撃(**ソーシャルエンジニアリング**)に気を付けなければならない.

#### (2) 完全性

完全性とは，情報が不用意に書き換えられないようにしていることである.

そのためには，データ(ファイル)をどう扱えるかについて，「読取不可」や「読取のみ」，「書込可」といった役割を「相手」によって使い分ける**権限管理**といった対策がある．また，データが書き換わっていないことを検証する手段として**ハッシュ値**を用いることも有効であろう(図1.12).

---

[10] ISO/IEC 27000及び日本産業規格JIS Q 27000情報セキュリティマネジメントシステム(ISMS, Information Security Management System)の定義に基づく．機密性Confidentiality，完全性Integrity，可用性Availabilityの頭文字から**CIA**と略される．なお，米国の中央情報局Central Inteligence AgencyもCIA.

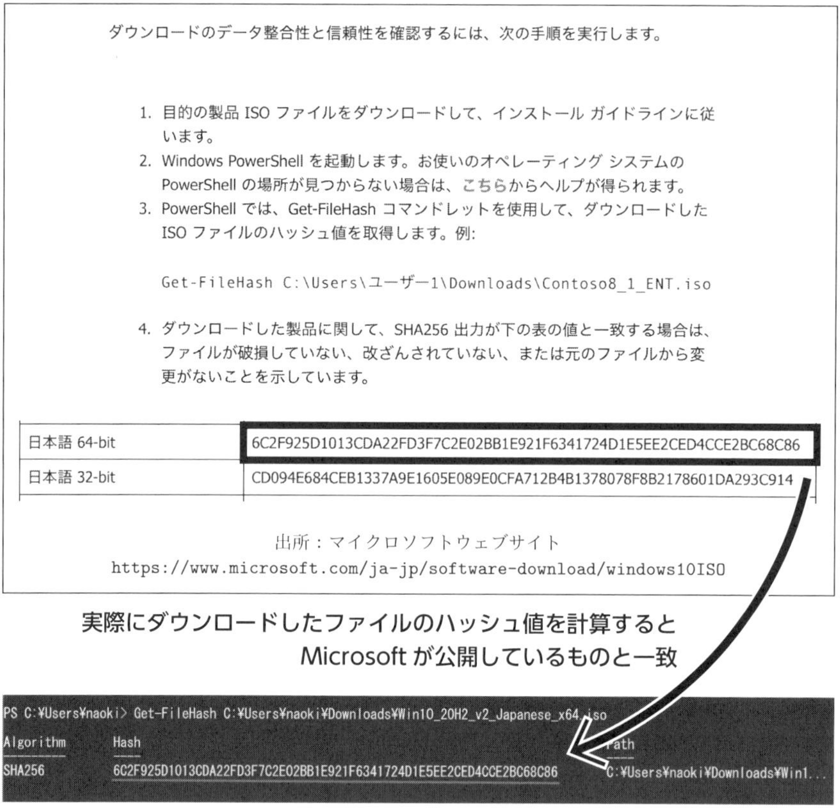

ダウンロードのデータ整合性と信頼性を確認するには、次の手順を実行します。

1. 目的の製品 ISO ファイルをダウンロードして、インストール ガイドラインに従います。
2. Windows PowerShell を起動します。お使いのオペレーティング システムの PowerShell の場所が見つからない場合は、こちらからヘルプが得られます。
3. PowerShell では、Get-FileHash コマンドレットを使用して、ダウンロードした ISO ファイルのハッシュ値を取得します。例:

```
Get-FileHash C:\Users\ユーザー1\Downloads\Contoso8_1_ENT.iso
```

4. ダウンロードした製品に関して、SHA256 出力が下の表の値と一致する場合は、ファイルが破損していない、改ざんされていない、または元のファイルから変更がないことを示しています。

| | |
|---|---|
| 日本語 64-bit | 6C2F925D1013CDA22FD3F7C2E02BB1E921F6341724D1E5EE2CED4CCE2BC68C86 |
| 日本語 32-bit | CD094E684CEB1337A9E1605E089E0CFA712B4B1378078F8B2178601DA293C914 |

出所：マイクロソフトウェブサイト
https://www.microsoft.com/ja-jp/software-download/windows10ISO

実際にダウンロードしたファイルのハッシュ値を計算すると
Microsoft が公開しているものと一致

```
PS C:¥Users¥naoki> Get-FileHash C:¥Users¥naoki¥Downloads¥Win10_20H2_v2_Japanese_x64.iso
Algorithm       Hash                                                                   Path
---------       ----                                                                   ----
SHA256          6C2F925D1013CDA22FD3F7C2E02BB1E921F6341724D1E5EE2CED4CCE2BC68C86       C:¥Users¥naoki¥Downloads¥Win1...
```

**図 1.12**　Windows 10 のディスクイメージ (ISO ファイル) をハッシュ値で検証

人間系についても，組織の中でデータを誤って消去・廃棄する行為が行われないように，情報取扱規則を整備しておく必要がある．

### (3)　可用性

可用性とは，情報が使うべきときに使えるようになっていることである．

そのためには，記録装置や電源などを含めた情報システムの二重化 (冗長化) を施したり，通信回線の速度や情報システムの稼働率 ($=1-$システム停止時間/全時間) などのサービスレベルが保証されたサービスを利用したりするといった対策がある．集中的なアクセスが発生してサービスが使えなくなる事態 (悪意のある者により意図的に行われる事態を特に **DoS** (Denial of Service) **攻撃**という) に対しても，防御策をあらかじめ講じておくことも有効だろう．

### 1.2.4 情報の適正な利用

#### (1) 著作物の適切な取扱い

情報機器や記録装置がアナログからデジタルに変わったことで，情報の扱いは格段に容易かつ安価になり，しかも大量に保存できるようになった．スマートフォンで何でも気軽に写真を撮ったり，ネットから引き出した動画やソフトウェアなどをコピーやダウンロードして，それを自分の指先で呼び出せるようになった．

しかし，自分の手元にあるからといって，それらの情報を自分の所有物と考えるのは早計である．情報には，オリジナルの作成者 (著作者) が存在し，その**著作物**に関する著作権は尊重しなければならない．著作物が自由に使える場合は，私的使用のための複製や引用などの場合に限られる[11)]．

個人情報や肖像 (顔や容姿) は，本人の許可なく使ってはならない．使用が認められたとしても，その情報を当初の目的とは異なる形で (悪用)，あるいは正当な理由のない状態で (濫用)，使われるべきものでもない．このようなことは言うまでもない常識のはずであるが，それらは個人情報保護法でわざわざ法律の条文として明文化されている (参照：個人情報のルール「① 取得・利用」)．これは，モラルがルールになった一例である．

なお，使おうとしている情報が，自由に入手・加工・共有できる**オープンデータ**や「クリエイティブ・コモンズ・ライセンス」(**CC ライセンス**) であれば，比較的自由に扱うことができる．その場合であっても，その情報に記されている原作者に関するクレジット (名前，作品名，出典など) の明記といった規約は守らねばならない．

#### (2) 情報の不正行為

外部の者により情報セキュリティが侵され，情報の盗用や捏造(ねつぞう)・改ざん[12)]といった不正行為が行われてしまうことは防がねばならない．そして，それが内

---

[11)] 参照：文化庁　著作権制度の概要
https://www.bunka.go.jp/seisaku/chosakuken/seidokaisetsu/gaiyo/chosakubutsu_jiyu.html

[12)] 捏造とは本当はないことをあたかも事実としてあるかのように情報を作ること．改ざんとは文字や記録を書き換えること．

表示 — 非営利 — 継承

原作者のクレジット(氏名, 作品タイトルなど)を表示し, かつ非営利目的に限り, また改変を行った際には元の作品と同じ組み合わせのCCライセンスで公開することを主な条件として改変や再配布も認めるという表示

**図1.13**　CCライセンスの一例

出所：https://creativecommons.jp/licenses/

部の者によって引き起こされることもあってはならない. 捏造や改ざんなどを自ら好んで行うことは, 本来であれば考えづらい. しかし, 期限や基準に間に合わせなければならないといった制約や圧力, 自己の能力不足, また, 異なる立場の者の間で生じる利害関係の衝突によって, 捏造や改ざんは繰り返される.

血圧を下げる薬であるノバルティスファーマ社のディオバン (2000年販売開始) は他社の薬よりも優れた効能を発揮するという主張が, 日本の研究グループによる論文として, 複数の国際医学雑誌に掲載された. ところが, 2012年, それらの論文に記された血圧の統計分析で数値に奇妙な一致があることが指摘されると, 論文が相次いで撤回された. さらに, 2013年, ノバルティスファーマ社の社員が大学非常勤講師として研究に関与していたことが明らかになると, 厚生労働省は委員会を設けて検証を開始した. 一部の大学が臨床研究データを廃棄していたため, 検証は困難を伴ったが, それでも, 翌2014年, 厚生労働省の委員会が出した報告書では, ノバルティスファーマ社が奨学寄付金という形で大学を支援しながら組織として臨床研究にも関与していた事実を指摘した. 収益を追求する製薬会社と公正な研究を行う大学との間で利害が相反する中で, データ改ざんの疑いが持たれるようになった. 厚生労働省は, 同年にノバルティスファーマ社を**薬事法**違反 (虚偽・誇大広告) として刑事告発, 裁判は3年もの期間に及び, ノバルティスファーマ社社員による意図的なデータ改ざんがあったという不正行為が認定された. ところが, 論文は薬事法が規制する広告に該当しないということから, 判決は無罪という結末となった.

その裁判が終わった2017年, 国会では, 法律としては初めてのものとなる**臨床研究法**が成立した. この法律では, 臨床研究における監査や**利益相反**の管理, またデータの保存規定が盛り込まれた. これも, モラルとされていたことを社会的なルールとして定めなければならなくなった例である.

2005 年, 建築物強度の審査が不十分なままの建物があるという報告が国土交通省に寄せられた. やがて全国のマンションやホテル 100 棟以上が補修や建て替えを迫られる事態に発展した構造計算書偽装事件は, 社会に大きな動揺をもたらした. 国土交通省の委員会で指摘された問題の 1 つは, 国土交通大臣認定ソフトウェア「構造計算プログラム」であった. これが安易に利用されるようになったことで技術や倫理に劣った建築士が構造計算書を形式的に整えることができ, また, 建築設計事務所による建築士の監督や構造計算書の検査機関による審査が形骸化していたために, 建築確認の正確性が損なわれていったということが指摘された. 他にも, 建築技術の高度化・専門化で進んでいった分業制とコストダウンの要請の中で, 構造設計者の役割が下請化していったという建築業界における構造的な問題も挙げられた. その後, 国土交通省の委員会は, 建築士や検査機関の能力向上や業務適正化, 報酬基準の見直しなどの対策を求める報告書を取りまとめた.

情報・データに従事する者は, 自らが負っている責任を十分認識するとともに, そのことが世の中に理解されるよう努め, 社会的な役割を意識することも重要である. そのために, 学会や業界団体などに参加したり, 自らネットワークを組織したりすることは, 有力な手段であろう. そのような活動を通して, 自分自身のスキルや意識を高め, 専門家集団としての発言力を向上させていくことができる (図 1.9「情報処理学会倫理綱領」参照).

### 1.2.5 情報利用の死角

データ自身には良いも悪いもない. 重要なのは, どのような目的のために, どのようにしてデータを利用するのか, ということである. 研究や意思決定を行う際, まず目的を明確に持つべきである. そして, その目的を実現するためにデータの作成や収集, 分析を行うことになるが, その際, 以下のことに注意すべきである.

#### (1) フェイクニュース

情報を利用する際, その情報源 (一次情報) をさかのぼり, そこにあるデータの作成過程 (メタデータ) を理解することが肝要である. データの元が**標本調査**の場合は，標本設計 (サンプリング・デザイン) や調査票も確認すべきである[13)]．データの内容を確認せずに利用することは，誤用や災いの元である．

本物らしく見せかけた偽物の情報 (**フェイクニュース**) の蔓延は，近年の社会的問題となっている．なかには，著名人が言ってもいないことをあたかもそう発言しているよう見せる巧妙な動画も作成されている (**ディープフェイク**)．闇雲な情報の転送やリツイートは，フェイクニュースの拡散に手を貸すことになるので，注意が必要である．フェイクニュースは，それを見ているだけでは真偽はわかりにくいが，当の本人や組織が直接発信している公式情報を見にいくなど，情報リテラシーの基本動作である情報源の確認を心がけたい．

### (2)　想定外の結果

敵を知り己を知れば百戦危うからず．しかるに，目的を知りデータを知れば，すべての分析プロジェクトは問題ないだろうか．分析の結果が届けられるその先の人にとってどのように響くことになるのか，配慮が必要である．

スーパーマーケットの目的は，商品を豊富に揃えて効果的に陳列・販売することを通して，収益を追求することである．1990 年代半ばの情報通信革命は，金額を扱うだけだった商品のレジ打ちを銘柄情報のバーコード入力に変え，また，買い物客の会員制度を電算化することで，**POS** (Point Of Sale) データという情報の鉱山が創り出された．米国のあるスーパーは，これを採掘することで，紙おむつとビールのパックという組合せが発見された[14)]．この意外な組合せは，子育て中の男性買い物客にとって格好の「ついで買い」行動を誘う (ナッジする) 洞察であり，売上高の向上に大いに貢献した．

スーパーによる採掘はその後も続き，そこで開発された**マーケティング**の 1 つは，顧客一人ひとりに寄り添った効果的なタイミングで案内を送るダイレクトメール (DM) 戦略だった．ところが，これは諸刃の剣だった．あるスーパーが開発した DM 戦略は購買分析に基づいた妊娠予想モデルを使って，無香料商品

---

13) 佐藤朋彦，『数字を追うな統計を読め —データを読み解く力をつける』(日本経済新聞出版社，2013)

14) 当時**データマイニング**とよばれたこの手法は，スーパーマーケット (小売業) にとどまらず，あらゆる産業で行われるようになり，今日のデータサイエンス時代の幕開けにつながっている．参照：`https://www.kdnuggets.com/news/96/n08.html`

やカルシウムサプリメントなどを好んで購入する顧客に対して，申し出がなくても妊婦向けの乳児服やベビーベッドなどのクーポンを届けるというものだった．しかしこのDM戦略は，ある家族のプライバシーを侵害したことで中断に追い込まれた．というのも，高校生の娘の妊娠を告げるDMを見て驚いた父親がスーパーに怒鳴り込んできたのである[15]．

### (3) データバイアス

統計モデルの品質や結果の解釈を確かなものにするために，そのモデルのもとになるデータやアルゴリズムに関する十分な理解が必要である．その際，データの中に**バイアス**(偏り)が潜んでいないか，注意が必要である．

企業にとって社員人事，すなわち採用・昇任の判断は，重大な経営課題の1つである．社員の職務履歴・勤務評定をもとに公平な人事を行うことは容易なことではなく，事務処理にも相当手間がかかるものであるため，その省力化を図るツールが開発されている[16]．ところが，ある会社が機械学習を活用した**HRツール**の運用を始めたところ，その会社に勤める女性社員にとって不可解な処遇が多発するようになった．原因を調べてみるとそれは，そのツールがモデル構築のために訓練データに用いていた自社の人事データに行き当たった．もともとその会社の場合，社員割合は男性が多く，ただでさえ少ない女性の人事データは出産・育児のためにキャリア形成に中断が生じるケースが含まれていた．男性の職歴パターンに大きく影響された人事データに基づいて構築されたモデルでは，有能であっても職歴に中断を持つ女性に対して出される評価は納得感の得にくいものだった[17]．男性中心社会のデータをもとに作られた統計モデルがはらむ**ジェンダー**バイアスの問題は，他にも都市計画や防災政策などあらゆることに及んでいる[18]．

---

[15] 参照：`https://www.nytimes.com/2012/02/19/magazine/shopping-habits.html`

[16] 関連する技術のことを，Human Resources (HR，人的資源) テックという．

[17] 参照：TED2017, キャシー・オニール「ビッグデータを盲信する時代に終止符を」 `https://www.ted.com/talks/cathy_o_neil_the_era_of_blind_faith_in_big_data_must_end/transcript`

[18] 参照：Caroline Criado Perez (神崎朗子訳)『存在しない女たち —男性優位の世界にひそむ見せかけのファクトを暴く』(河出書房新社，2020)．この本の原題は，“Invisible Women: Data Bias in a World Designed for Men” (見えない女性：男性のためにデザインされた世界のデータバイアス)．

機械学習を応用することで，農作物の形を画像認識させて出荷時の仕分けが自動化できるようになり，肉体的に負担の重い仕事が省力化されるようになった．しかし，機械学習の対象が農作物ではなく人間になると話が違ってくる．

犯罪捜査に画像認識が導入されると，ここでも多数派でない者，人種的にマイノリティの者にとって不当な扱いが行われるバイアスが指摘され，社会問題化していった．米国での警察取締りにおける黒人への過剰暴力への抗議運動 (**Black Lives Matter 運動**) が盛り上がる中，顔認証によるマイノリティの扱われ方に批判が高まり，2020 年 6 月，アマゾン，IBM，マイクロソフトの各社は警察向けに顔認証技術の提供取り止めを相継いで表明した．この中で，マイクロソフトのブラッド・スミス社長は，顔認証を統制する人権に基づいた国内法が整備されない限り警察へ技術提供することはできない，と言明した[19]．

### 1.2.6　AI 社会の論点

AI (人工知能) は私たちの社会の隅々まで勢いを増しながら行き渡りつつあり，これからも進化と深化を遂げていくだろう．しかし，AI の急速な普及は私たちの生活にどのような影響を与えるのだろう．

特に多い指摘は，AI が人間の雇用を奪うという不安である．19 世紀英国の蒸気機関による産業革命は，人々を**肉体労働**という労苦から解放し生産性を劇的に向上させたが，同時に，環境汚染や機械によって職を失った者によるラッダイト運動 (機械打ち壊し騒動) を巻き起こした．今日，人手のかかる書類のデータ入力や会議の発言録作成といった知的労働は，AI を応用したロボティック・プロセス・オートメーション (**RPA**) が取って代わりつつある．裁判判例の検索や医療画像の診断といった専門性が要求される分野にも，AI 導入がすでに進んでいる．将来的には，人類の能力を AI の能力が超える時点 (**シンギュラリティ**) が到来することを予期する声もある．データサイエンスは，AI のある社会の中でどう位置付け，未来をどうデザインしていくべきだろうか．

---

[19] 参照：`https://www.washingtonpost.com/technology/2020/06/11/microsoft-facial-recognition/`

### (1) パーフェクトな AI は存在しない

中国では，AI を活用した防犯カメラが街頭の各所に浸透しており，市民の暮らしを見守るとともに，違法行為の取締りを推し進めている.

その 1 つの実装例が,「行人闯红灯抓拍系统 (赤信号通行者全自動認識公開システム)」である．これは，**防犯カメラ**を使って信号無視をした歩行者を自動的に識別すると同時に，国民登録データベースに連動した顔認証により人物を特定して，その人の顔と名前を街頭モニターに映し出すという究極の取締システムである.

2018 年のある朝，浙江省寧波市の車通りの激しい交差点の取締システムは，横断するラッピング広告仕様のバスを検知した．より正確に言えば，そのバスの車体にポスター印刷されている女性が微笑んでいる顔を検知した．取締システムは，その顔の人物を董明珠 (ドン・ミンジュ) と特定し，その名前と国民登録の顔写真を交差点に面した百貨店の壁面大型モニターに交通違反者として表示した．ちなみに，その人物は，格力電器 (グリー・エレクトリック) という家電メーカーの社長であり，その会社の所在地は寧波市から南西 1000 km 離れた広東省珠海市である.

AI によるこの取締劇は，即座に中国国内のソーシャルメディアで大きな話題となった．この日の夕方になって，地元の交通警察は顔認識に誤りがあったことを認め，システムを全面改修すると表明した．しかし，ここで考えてほしい．システムの誤りはどうしても生じるものであり，誤り率をゼロにする完全無欠でパーフェクトな AI は，現実的ではない．そして，システムを導入する街が増え対象とする人口が拡大していけば，誤り率がどれだけ小さくとも，誤判定を皆無にすることは望みようがない.

社会の仕組みを，人がまったく関与しないまま AI へ任せ切りにしてしまうと，特に人間に関わることを任せてしまうと，AI がとんでもない判断を下したときに，取り返しのつかないことにもなりかねない．AI の導入は，それによって生じるあらゆる事態に責任を取ることができるのか，十分な考慮が必要である.

### (2) 常識・良識の学習

AI は，深層学習 (Deep Learning) や強化学習 (Reinforcement Learning) により，学習するプロセスを高度化・自律化させており，特定の分野に限れば，

**AlphaZero**[20)]のように，人の能力を凌駕するものもある．だからといって，AI は全知全能なものになれるだろうか．

人は，生まれてから成人するまでの間，保護者や学校，社会を通じて世界を認識し学びとっていき，経験と知識を蓄積していく．仮に，AI にこの世のありとあらゆる映画を見せることで学習させれば，人間の成長や社会生活を学ばせることができるだろうか．それでも，生身の顔と顔の画像を区別するという分別を AI が映画から習得することは期待できないだろう．

実際，AI に東京大学の入学試験問題を解かせようとするプロジェクトでは，常識が壁になった．人間の自然な欲求 (たとえば，ほどけた靴の紐はさっさと結び直しておきたい) は AI にはわからないため，正答にたどり着くことができない文章問題がどうしても残ってしまうのであった[21)]．

データやアルゴリズムに入り込んでくるバイアスに対して，人としての良識をどう保つか，という点にも注意が必要である．2016 年，マイクロソフトは自然言語処理を習得させた AI チャットボット Tay をインターネット上にリリースした．Tay はミレニアム世代の少女という設定であり，ネットデビューした彼女は，自分を取り囲む人々とのチャットを通して現実世界のリアルなコミュニケーションを無批判に吸収していった．ほどなくして Tay は**ヘイト**発言を乱発する毒舌家になってしまい，この状況を受けてマイクロソフトは Tay をリリース後わずか 16 時間で終了させた．

### (3)　文化・価値観の尊重

日本政府は，かつて，いわゆる長者番付を発表していた．これは，高額納税者による国や地方の財政的貢献を社会的に讃えようとする意図で行われていたものであった (他にも，人の目に晒されることで脱税をけん制しようとする効果も期待された)．ところが，1947 年に始まるこの習わしは，プライバシー意識の高まりから次第に疑問を呈されるようになり，2005 年に廃止された．人の意識

20) 1.1.3 項で紹介した AlphaGo の後継ソフト．

21) 参照：新井紀子，『AI vs. 教科書が読めない子どもたち』(東洋経済新報社，2018)．この本は，一方で，自然言語処理能力を備えた AI と比較して，論理的な文章読解能力 (リーディングスキル) が劣る人が多いことを実証的に明らかにして，人の仕事が AI によって奪われかねないことに警鐘を鳴らしている．

はこのように時代によって変わり，また，国や地域によっても変わる．

ところが，現代の中国では長者番付に似たような制度が存在しており，人民によって問題にされることはほとんどなく受け入れられているという．そのような文化の下で，AI 信号無視取締システムは，改善を重ねながら今も稼働している．

日本では，防犯カメラで歩行者を撮影し信号無視をする者を特定することは，法律がそれを認めていない．容貌は個人情報保護法が保護対象とする「個人情報」であり，町なかの歩行者の容貌を撮影してそれを交通取締りの目的に利用することは，そのことを周知なしに行うことはできないからである．米国では，上述のとおり，企業が警察向けの顔認証技術の提供を自主的に取り止めている．

文化や価値観が異なる国や地域を相手にしながら，私たちの社会を発展させていくためにどうすればよいだろうか[22)]．**教育科学文化機関** (**UNESCO**) において AI 倫理に関する世界的対話が継続的に行われているが，並行して国際機関や多国間対話での政策文書が作られている．日本も加盟国である**経済協力開発機構 OECD** は，2019 年 5 月，包摂的成長や人間中心の価値観，透明性，説明責任などを掲げた「AI に関する OECD 原則」を採択した (図 1.14)．翌 6 月の大阪 **G20** 首脳会議では，この OECD の AI 原則を引用して「拘束力を有さない G20 AI 原則」として歓迎することを宣言した．中国は OECD 原則ではなく，拘束力を有さない G20 原則に参画している．

### (4)　人間中心の AI 社会

米国のスーパーマーケットで一時停止に追い込まれた DM 戦略には，後日談がある．クーポン対象商品を見直して，いろいろな日用雑貨の中に乳児服やベビーベッドを入れ込んで DM を送るようにしたのである．このように変更した DM 戦略は静かに功を奏し，利益は以前の数字を上回っていった．データサイエンスの分析結果と，人間だから発想できるアイディアを合わせることで，世間に受け入れ可能な解決策 (ソリューション) を生み出したのである．

AI 社会では，人間としての常識と良識，人間中心の価値観を養い発想力を発揮することが，一層重要な価値を持つ．

データサイエンスについて学ぶ中で，どのような未来をデザインしていくの

---

22) 個人データの越境移転に関する国際的な議論については，1.2.2 項 (4) 参照．

**AIに関するOECD原則の概要**

1. AIは，包摂的成長と持続可能な発展，暮らし良さを促進することで，人々と地球環境に利益をもたらすものでなければならない．
2. AIシステムは，法の支配，人権，民主主義の価値，多様性を尊重するように設計され，また公平公正な社会を確保するために適切な対策が取れる—たとえば必要に応じて人的介入ができる—ようにすべきである．
3. AIシステムについて，人々がどのようなときにそれと関わり結果の正当性を批判できるのかを理解できるようにするために，透明性を確保し責任ある情報開示を行うべきである．
4. AIシステムはその存続期間中は健全で安定した安全な方法で機能させるべきで，起こりうるリスクを常に評価，管理すべきである．
5. AIシステムの開発，普及，運用に携わる組織及び個人は，上記の原則に則ってその正常化に責任を負うべきである．

**図1.14**　AIに関するOECD原則
出所：OECDウェブサイト
https://www.oecd.org/tokyo/newsroom/forty-two-countries-adopt-new-oecd-principles-on-artificial-intelligence-japanese-version.htm

か，幅広い視野と関心を持ってほしい．

**コラム　「計算資源」**

米国の研究者が提出したある論文[23]は，途方もないボリュームの訓練データを機械学習させるために必要な電力消費により生じる**カーボンフットプリント**(二酸化炭素排出量)が，米国で1人の人間が1年間の生活で排出する量に換算して何年分に相当するのかを論じている．その上で「計算資源」を現実の自然環境の中に包摂する形で定義し直し，その平等な利用を訴えている．

ビッグデータの利用は地球環境にリンクしているのである．データサイエンスをどう運用するか．このことは，持続可能な開発の観点からも考えなければならない．

[23] E. Strubell et al. (2019). Energy and Policy Considerations for Deep Learning in NLP, *Proceedings of the 57th Annual Meeting of the Association for Computational Linguistics*, 3645-50.

## 課題学習

***1.2-1*** CCライセンスに関する4つの基本要素，表示・非営利・改変禁止・継承について調べよ．

***1.2-2*** インターネットのウェブサイトを利用するユーザの閲覧履歴は，**cookie**という情報により記録されている．そのような中で，2019年，求職学生のための就活支援サイトにおいてcookieが意図しない形で使われたことが社会問題化し，再発防止策が翌2020年に改正された個人情報保護法に反映された．どのような事案が起きどのような対策がルール化されたのか調べよ．

***1.2-3*** データサイエンティストが，AIチャットボットを開発・運用するにあたり，どのようなことに留意すべきか，考えを述べよ．

***1.2-4*** 国連による**持続可能な開発目標**(**SDGs**)が掲げる17のゴールの観点では，本節での議論は右の下線の9つに及んでいる．また，下線のないものにも関わり合いはある．それぞれのゴールについて，データサイエンスが貢献できること，配慮すべきことについて，考えを述べよ．SDGsについては次のウェブサイトを参考にせよ．

| | | | | | |
|---|---|---|---|---|---|
| 1 | 2 | 3 | 4 | 5 | 6 |
| 7 | 8 | 9 | 10 | 11 | 12 |
| 13 | 14 | 15 | 16 | 17 | |

外務省SDGsサイト

https://www.mofa.go.jp/mofaj/gaiko/oda/sdgs/index.html

## 1.3 データ分析のためのデータの取得と管理

### 1.3.1 データ分析の対象や目的の設定

データを分析するプロセスはおおまかに「課題やデータを見つける」,「データを解析する」,「解析結果を利用する」からなる．最初に分析のためのデータが必要であるが，このデータを「見つける」能力を身につけるにはデータ分析の経験が必要であり，課題に基づいて最適なデータを収集し適切な分析手法を選択する能力が求められる．データ分析の初心者は，自分で対象を観察してデータを収集したり，インターネットで提供されるデータを利用したりするところからはじめるのがよい．

自分でデータを収集するためには，まず対象を観察し，データを記録するというプロセスを経る．データの対象として，たとえば交通量や野鳥の数，気温，湿度などがある．対象を漠然と観測するだけでは不十分で，ノートとペンを使って記録したり，パソコンやスマートフォンなどに記録したりする．ノートに書かれたデータはアナログデータとよばれ，ノートパソコンなどに記録して，デジタルデータに変換することで，保存や分析を柔軟に行うことができる．

**図 1.15**　データを記録する

データの保存にはノートパソコンやスマートフォンが用いられるが，**クラウド**とよばれるインターネット上にデータを保存する方法も用いられることが多くなっている．たとえば，IoT デバイスからデータを取得・利用する際に，クラウド上にデータを直接記録する方法が用いられる．農業で IoT デバイスを用いる場合，さまざまなセンサーを用いて，定期的・継続的に温度，湿度，日照量，用いる水量などを観測する．このようなデータはパソコンを用いて記録するよりも，クラウド上でデータを記録・管理するほうが便利であり，信頼性も高い．また，IoT デバイスの設置現場でデータを活用するエッジコンピューティングも注目されている．

### 1.3.2 データの形

デジタルデータは，マイクロソフト社の表計算ソフトウェア Excel では**リスト** (表 1.1) や表 (図 1.16) といった形式で扱われる．また R や Python などのデータ分析プログラミングでは**データフレーム**とよばれる，表形式に準ずるデータ形式が用いられる (図 1.17).

リストは同じ形式 (数字や文字など) のデータの集まり，表はリストの集まりである．数学的に例えると，リストはベクトル，表は行列に対応する．データサイエンスの最新の手法である機械学習や深層学習では行列を用いた表現が多く用いられる．

プログラミングの世界では，データは配列やデータフレームという形で表現

**表 1.1**　ある温泉の入場者数リスト

| 曜日 | 月 | 火 | 水 | 木 | 金 | 土 | 日 |
|---|---|---|---|---|---|---|---|
| 入場者数 | 90 | 0 | 112 | 81 | 100 | 89 | 73 |

ファイル ホーム タッチ 挿入 描画 ページレイアウト 数式 データ 校閲 表示 操作アシ

A3

|  | A | B | C | D | E | F | G | H |
|---|---|---|---|---|---|---|---|---|
| 1 | 曜日 | 月 | 火 | 水 | 木 | 金 | 土 | 日 |
| 2 | 入場者数 | 90 | 0 | 112 | 81 | 100 | 89 | 73 |
| 3 |  |  |  |  |  |  |  |  |
| 4 |  |  |  |  |  |  |  |  |
| 5 |  |  |  |  |  |  |  |  |
| 6 |  |  |  |  |  |  |  |  |
| 7 |  |  |  |  |  |  |  |  |
| 8 |  |  |  |  |  |  |  |  |

Sheet1　Sheet2

**図 1.16**　Excel 表のイメージ

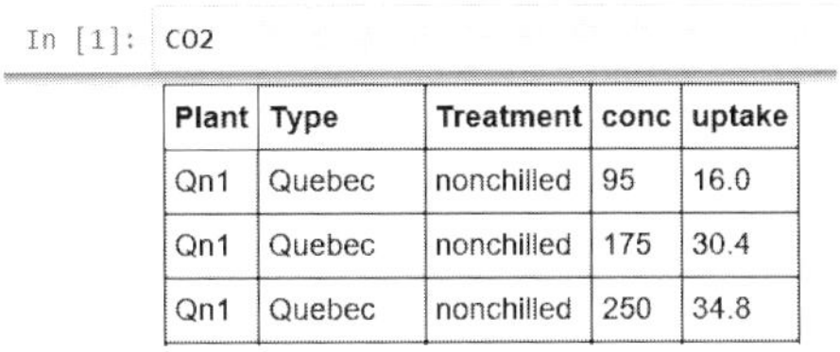

```
In [1]: CO2
```

| Plant | Type | Treatment | conc | uptake |
|---|---|---|---|---|
| Qn1 | Quebec | nonchilled | 95 | 16.0 |
| Qn1 | Quebec | nonchilled | 175 | 30.4 |
| Qn1 | Quebec | nonchilled | 250 | 34.8 |

**図 1.17**　データフレーム (二酸化炭素の年間排出量)

される．これらの表現をプログラミングとあわせて学び，場合に応じて使いこなせるようになることが望ましい．図1.17は統計解析言語Rに組み込まれている二酸化炭素排出量のデータCO2のデータフレーム表現である．各列はそれぞれデータの項目を表し，1行目に項目名が，2行目以降に値が格納される．

### 1.3.3　データの容量

データの容量を表す単位には，最小単位の**ビット** (bit) と基本単位の**バイト** (byte) がある．1ビット (1 bit) は1桁の2進数 (0か1か) を使って表すことのできる情報の量であり，1バイト = 8ビットである．1バイトは1Bとも表す．デジタルデータでは半角文字の1文字が1バイトで表現される．漢字や画像，音声データもデジタルデータの容量はすべてバイトまたはビットで表される．

大きなデータの容量はキロやメガなどの接頭辞を用いて表す．1キロバイト = $10^3$ バイト[24]，1メガバイト = $10^3$ キロバイト というようにデータのサイズは大きくなり，同様にしてギガバイト，テラバイト，ペタバイト，エクサバイト，ゼタバイト，ヨタバイトと続く (表1.2)．

実際のデータとの対比でデータのサイズを説明する．1メガ (100万) バイトはデジタルカメラやスマートフォンで撮影した写真1枚程度のサイズである．1ギガ (10億) バイトは1本の映画の動画ファイルのサイズ，1テラ (1兆) バイト

**表1.2**　データの単位表示[25]

| 単位記号 | $10^n$ B | 容量の目安 |
|---|---|---|
| MB (メガバイト) | $10^6$ B | デジタルカメラで撮影した写真1枚 |
| GB (ギガバイト) | $10^9$ B | 映画1本 |
| TB (テラバイト) | $10^{12}$ B | PCのハードディスク |
| PB (ペタバイト) | $10^{15}$ B | 商用巨大サーバ |
| EB (エクサバイト) | $10^{18}$ B | 1日あたりの全世界のデータ流通量 |
| ZB (ゼタバイト) | $10^{21}$ B | 全世界のデータ量 (2020) |
| YB (ヨタバイト) | $10^{24}$ B | |
| RB (ロナバイト) | $10^{27}$ B | |
| QB (クエタバイト) | $10^{30}$ B | |

[24] $2^{10}(= 1024)$ が $10^3$ に近いことから，情報の分野では $2^{10}$ をキロとよぶこともある．

[25] 2022年の国際度量衡総会で新たに「ロナ」，「クエタ」などが採択された．

はPCのハードディスクのサイズ，そしてビッグデータ級のサイズとなるのが1ペタバイト以上である．商用の巨大サーバのサイズはペタ級であり，1日あたりの全世界のデータ流通量は10エクサバイト程度である．また2020年の全世界のデジタルデータの総量は59ゼタバイト程度といわれている．ビッグデータの実量は計測するのが難しく，またデータ量が日々増加しているため，上記のサイズはおおまかな値であることに注意してほしい．

### 1.3.4 大規模なデータの利用

データの量が増えてくるとコンピュータ上でのデータ管理が面倒になる．データ量の問題だけでなく，さまざまな性質のデータを扱う必要も生じてくる．このような場合，データベース管理システムを使うことで，大規模なデータの管理が容易となる．代表的なものが**RDB (関係型データベース)** である．RDBでは，データ構造は表形式として扱われ，複数の表間で関係する要素の結合や参照が行われる．RDBでは複数の表から新しい表を作り，分析することもできる (図1.18)．複数の表間で関係する要素は，キーとよばれるもので関連付け

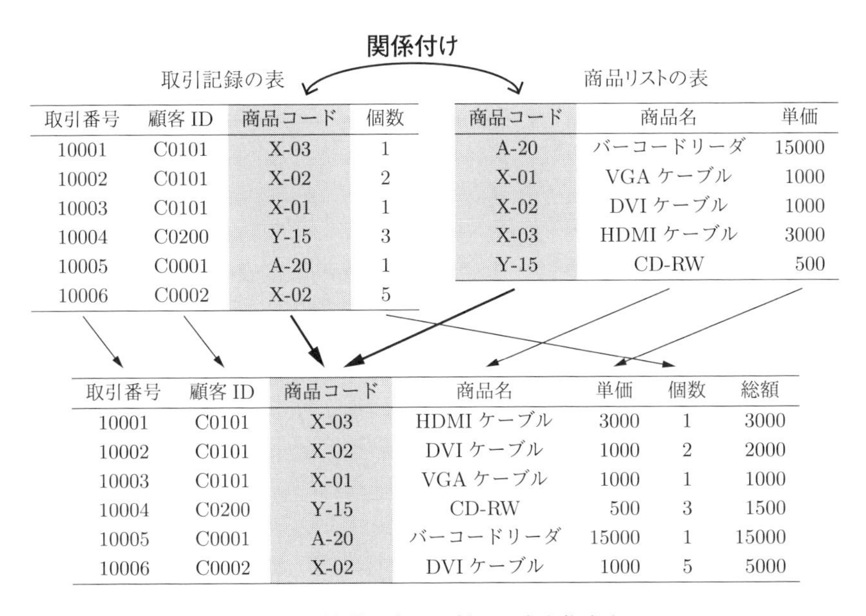


| 取引番号 | 顧客ID | 商品コード | 個数 |
|---|---|---|---|
| 10001 | C0101 | X-03 | 1 |
| 10002 | C0101 | X-02 | 2 |
| 10003 | C0101 | X-01 | 1 |
| 10004 | C0200 | Y-15 | 3 |
| 10005 | C0001 | A-20 | 1 |
| 10006 | C0002 | X-02 | 5 |

| 商品コード | 商品名 | 単価 |
|---|---|---|
| A-20 | バーコードリーダ | 15000 |
| X-01 | VGAケーブル | 1000 |
| X-02 | DVIケーブル | 1000 |
| X-03 | HDMIケーブル | 3000 |
| Y-15 | CD-RW | 500 |

| 取引番号 | 顧客ID | 商品コード | 商品名 | 単価 | 個数 | 総額 |
|---|---|---|---|---|---|---|
| 10001 | C0101 | X-03 | HDMIケーブル | 3000 | 1 | 3000 |
| 10002 | C0101 | X-02 | DVIケーブル | 1000 | 2 | 2000 |
| 10003 | C0101 | X-01 | VGAケーブル | 1000 | 1 | 1000 |
| 10004 | C0200 | Y-15 | CD-RW | 500 | 3 | 1500 |
| 10005 | C0001 | A-20 | バーコードリーダ | 15000 | 1 | 15000 |
| 10006 | C0002 | X-02 | DVIケーブル | 1000 | 5 | 5000 |

**図1.18** 複数の表から新しい表を作成する

られ，キーを使って複数の表から新しい表を作成することができる．**SQL** とよばれる標準的なデータ問い合わせ言語でこのような処理やデータ検索ができる．SQL はデータの操作や定義を行うように設計されており，Python など他の言語からも利用できる．

これまではデータベースシステムとして RDB とその問い合わせ言語である SQL が一般的に用いられていたが，最近はビッグデータの利用が増え，新しいデータベースシステムが使われるようになっている．また，クラウド上でデータベースを利用する例も増えている．以前は，データベース管理システムを利用するためには，専用のサーバコンピュータが必要であったが，クラウド上のデータベースを使うことで，安価かつ簡単にデータベース管理システムを利用できるようになった．

ビッグデータを扱うために **NoSQL** とよばれるデータベースがしばしば使われる．図 1.19 は NoSQL の 1 つであるグラフ型データベースのデータ構造を表現したものであり，データ間の関係を直感的に理解できるようになっている．

ペタバイト級のデータ処理に対応している **Hadoop** や Spark といった大規模データの分散処理技術もあわせて利用される．Hadoop では HDFS (Hadoop Distributed File System) とよばれるファイルシステムが用いられており，ファイルを分割して複数のコンピュータで管理することでペタバイト級のデータを処理できる．

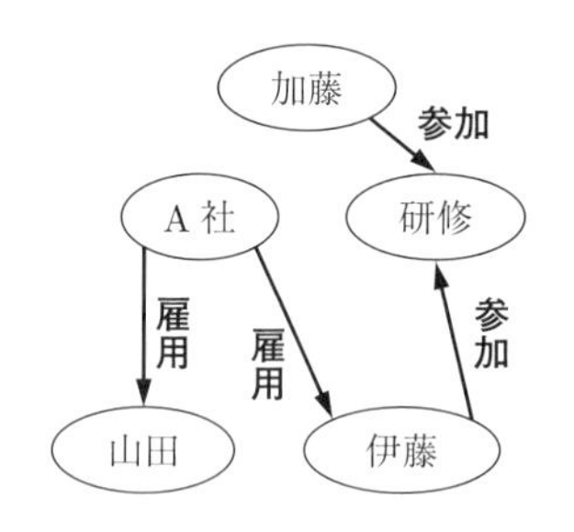


**図 1.19**　グラフ型データベース

### 1.3.5 データの取得方法

インターネットからのデータ入手方法として，日本政府が提供している統計の総合窓口である **e-Stat**（イースタット）[26]と官民ビッグデータ利用を目指したサービスである **RESAS**（リーサス）[27]を説明する．また，インターネット上のデータを利用するための方法をいくつか紹介する．

e-Stat は政府統計の総合窓口であり，さまざまな統計データが Excel ファイル，CSV ファイル[28]，データベース，さらに他のアプリケーションから呼び出すための API の形で利用できる．たとえば都道府県別人口などである．また国立社会保障・人口問題研究所のホームページからは『日本の地域別将来推計人口』のデータがダウンロード可能である[29]．図 1.20 は同データ (平成 30 年 3 月推計) を用いて，岐阜市 2025 年予測人口の人口ピラミッドを作成した例である．同データは 2020 年から 40 年までの 5 年ごとの人口を，都道府県別，市町村別で予測したものであり，自治体の将来の人口規模，経済規模を考えるにあ

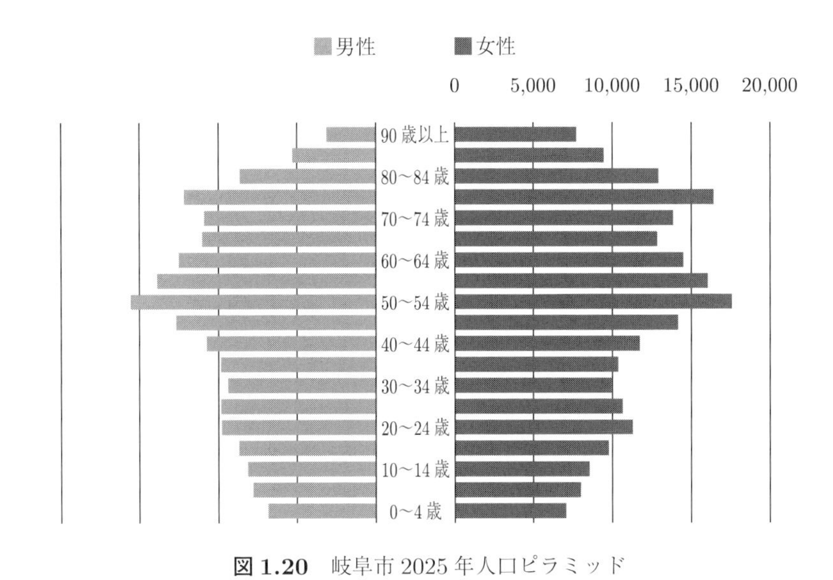


**図 1.20** 岐阜市 2025 年人口ピラミッド

---

26) e-Stat 政府統計の総合窓口：`https://www.e-stat.go.jp/`

27) RESAS 地域経済分析システム：`https://resas.go.jp/`

28) Comma-Separated Values，項目をカンマで区切って記録したファイル．

29) 『日本の地域別将来推計人口 (平成 30 (2018) 年推計)』：
`http://www.ipss.go.jp/pp-shicyoson/j/shicyoson18/t-page.asp`

たり，有用である．

RESASは官民ビッグデータを提供する地域経済分析のためのウェブシステムであり，内閣府が管轄し，多くの省庁といくつかの企業がデータを提供している．産業構造や人口動態などのデータを集約し，サイト内でグラフなどを使って容易にデータを可視化できる．RESASではユーザ登録の必要はなく，誰でも利用できる(利用方法についてはガイドブックなどを参照)[30]．

図1.21は栃木県の農業経営者の年齢構成図(2010, 2015年)の比較である．データの出典は農林水産省「農林業センサス」であり，RESAS上でデータを加工したものである(15-24歳，25-34歳の割合はかなり小さく，この図ではほとんど確認できない)．

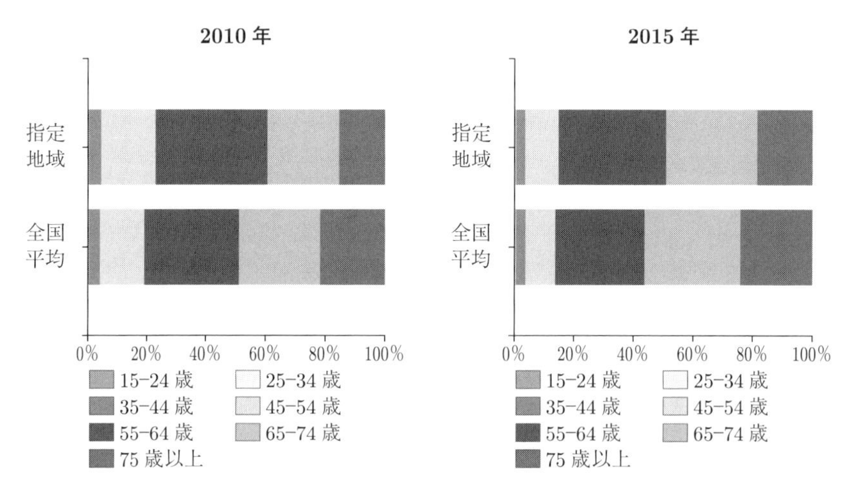


**図1.21**　栃木県の農業経営者の年齢構成図(2010, 2015年)の比較

インターネットで利用可能なデータとして株価の推移などの金融データや，データ分析コンペサイトで提供されるコンペ用のデータなどがある．主なコンペサイトにはアメリカのKaggle[31]，日本のSIGNATE[32]などがある．

Yahoo!ファイナンスなどで提供される株価データは，ブラウザから直接データをコピーして用いることができる．ウェブページはHTML (ウェブページを

---

[30] たとえば，日経ビッグデータ，『RESASの教科書』(日経BP社，2016)

[31] Kaggle：`https://www.kaggle.com/`

[32] SIGNATE Data Science Competition：`https://signate.jp/`

作成するためのマークアップ言語）という形式で管理・記述されていることが多く，Excel の表に近い構造を表現できる．そのためブラウザから直接，Excel にデータをコピーすることが可能である．また Excel ファイルや CSV ファイルをダウンロードすることが可能なサイトもある．CSV 形式のファイルはテキストデータであり，他のソフトウェアからも使いやすい．

グーグルマップのリアルタイム検索では，アプリケーションを作成しやすくするため API とよばれるライブラリ呼び出し方法が提供されている．また Python などのプログラムを用いて，直接インターネットからデータを取得することもできる．この技術を**ウェブクローリング**，あるいは**ウェブスクレイピング**とよぶ．大まかに説明すれば，クローリングは複数のウェブサイトから HTML の構造をもつデータを探す技術であり，スクレイピングは必要なデータを取得する技術である．

たとえば，彦根城の入場者数（曜日，時間別）のデータを直接取ろうとすると，毎日かつ 1 日中入場者の人数をカウントする必要がある．しかし，スマートフォンなどの GPS 機能を用いれば，いつ，どこに，何人の人がいたかを簡単に集計できる．

このデータを，グーグルマップを使って取得してみる．図 1.22 のように，グーグル検索で「彦根城」と入力するだけで，簡単に入場者の集計データを見ることができる．グーグルの API と数行の Python コードで CSV 形式のファイルとして入場者数のデータを取得できる（図 1.23）．彦根城を表すグーグルマップの ID を別の施設の ID に変更することで，さまざまな場所での入場者数（曜日，

**図 1.22** グーグルマップのデータ表示 © Google

| Time | Monday | Tuesday | Wednesda | Thursday | Friday | Saturday | Sunday |
|---|---|---|---|---|---|---|---|
| 0 | 0 | 0 | 0 | 0 | 0 | 0 | 0 |
| 1 | 0 | 0 | 0 | 0 | 0 | 0 | 0 |
| 2 | 0 | 0 | 0 | 0 | 0 | 0 | 0 |
| 3 | 0 | 0 | 0 | 0 | 0 | 0 | 0 |
| 4 | 0 | 0 | 0 | 0 | 0 | 0 | 0 |
| 5 | 0 | 0 | 0 | 0 | 0 | 0 | 0 |
| 6 | 0 | 0 | 0 | 0 | 0 | 0 | 0 |
| 7 | 0 | 0 | 0 | 0 | 0 | 0 | 0 |
| 8 | 0 | 0 | 0 | 0 | 0 | 0 | 0 |
| 9 | 11 | 0 | 5 | 0 | 5 | 0 | 0 |
| 10 | 17 | 0 | 13 | 1 | 15 | 3 | 7 |
| 11 | 19 | 0 | 21 | 9 | 17 | 13 | 21 |
| 12 | 17 | 0 | 17 | 11 | 11 | 28 | 34 |
| 13 | 17 | 0 | 15 | 9 | 15 | 30 | 36 |
| 14 | 21 | 0 | 17 | 13 | 25 | 36 | 44 |
| 15 | 26 | 0 | 19 | 19 | 32 | 51 | 69 |
| 16 | 30 | 0 | 17 | 23 | 34 | 51 | 82 |
| 17 | 34 | 0 | 15 | 23 | 34 | 34 | 61 |
| 18 | 44 | 0 | 28 | 42 | 42 | 42 | 55 |
| 19 | 55 | 0 | 71 | 100 | 59 | 73 | 82 |
| 20 | 44 | 0 | 73 | 86 | 53 | 61 | 57 |
| 21 | 0 | 0 | 0 | 0 | 0 | 0 | 0 |
| 22 | 0 | 0 | 0 | 0 | 0 | 0 | 0 |
| 23 | 0 | 0 | 0 | 0 | 0 | 0 | 0 |

**図 1.23**　グーグルマップから得られる彦根城の入場者数 (曜日，時間別)

時間別) を得ることができる．

近年，データの利活用を促進するために，データを誰でも利用できる形で公開する動きが加速している．このようなデータを**オープンデータ**とよぶ．オープンデータは，CSV 形式などプログラミングで処理しやすい形式を持ち，自由に再利用できるようになっている．e-Stat のデータやグーグルの公開しているデータはオープンデータである．

### 1.3.6　データの前処理

実際にデータ分析をはじめると，データが欠損あるいは欠測していたり，異常な値があったりといった問題にぶつかる．これらは統計的な分析をするために，解決しておかなければならない問題である．**欠損値** (欠測値) は「値がない状態」，**異常値**は「ありえない値」を指す．明らかな異常と判定できなくても，他の値から大きく離れた値は**外れ値**とよばれる．外れ値は慎重に扱う必要がある．欠損値も欠損の理由がさまざまであり，慎重に扱う必要がある．異常な値があれば，その値の修正が可能かどうか，もし修正できない場合は取り除くことが可能かどうかを検討する必要がある．また，欠損がある場合はその値を補間できるかどうか，または取り除くかを検討する必要がある．

表 1.1 では温泉は火曜日が休館日であるため，入場者数は 0 と記録されている．入場者数の平均値を求める場合は，休館日の値を 0 とするかしないかで値が変わってくる．またこの温泉の 1 日の入場者数が 100 万人であるという記録があれば，この値は明らかに異常な値であり，修正が必要である．

データの重複や誤記，表記の揺れなどもデータの前処理の対象となる．たとえば，斎藤 (さいとう) の「斎 (さい)」の字には他に 30 種類を超える漢字が使われている (図 1.24)．名簿の登録時に間違って別の漢字で登録した場合，複数の保存場所 (レコードなどとよばれる) に同じ人間のデータが存在することになってしまう．そのため同じ人間のレコードをまとめる名寄せとよばれる作業が発生する．このようなデータの不整合性に対する対処を**データクレンジング**とよぶ．

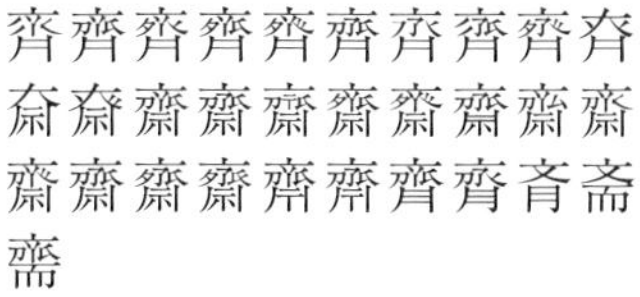

齊齊齊齊齊齊齊齊齊斉
斎斎齋齋齋齋齋齋齋齋
齋齋齋齋齋齋齎齎斉斎
齋

**図 1.24**　「斎」の異体字

国民年金記録や各種の健康保険データで同じ人間が複数の住所や名前で登録されている例がしばしば見られる．全角文字と半角文字の違いや，空白文字や区切り記号の有無などが主な原因である．その他，データの匿名化など個人情報への配慮も重要な前処理である．

## 課題学習

***1.3-1*** 自分のもっている電子デバイス (スマートフォンなど) のストレージ容量を調べよ．また，1 枚の画像ファイルの容量が 10 MB とすると，その電子デバイスのストレージ容量は画像何枚分になるか求めよ．

***1.3-2*** e-Stat から「年齢 (5 歳階級)，男女別人口–総人口，日本人人口」の平成 27 年国勢調査結果確定人口に基づく推計データを CSV 形式でダウンロードし，Excel もしくはテキストエディタに読み込んでデータを確認せよ．

***1.3-3*** RESAS のホームページから「メインメニュー」>「人口マップ」>「人口構成」と移動し，特定の都道府県の人口ピラミッドを確認せよ．

***1.3-4*** 自分や友人の名前の漢字表記に何通りの読み方があるか調べよ．また，その名前に使われている漢字に「斎」のような異体字がどれだけあるか調べよ．

# 2 データ分析の基礎

本章では，データを図で可視化する方法と，数値で表現する方法を紹介する．ヒストグラム・箱ひげ図・散布図は，数値データを図で表す．大量のデータも図で表せば，目で見て直感的にデータの傾向や特性が把握できる．次に，平均値・分散・標準偏差・相関係数などの数値指標の計算法とその解釈の仕方を紹介する．データを少数の値で表せば，傾向を定量化できる．複数の量の間の関係を数式で表し，図示する回帰直線についても説明する．

また，データの取り扱いにはさまざまな注意が必要になる．そこで本章の最後では，データの分析で注意すべき点についても説明する．

表 2.1 は彦根市の 1988 年から 2017 年の各年 10 月 1 日の 30 年間の最低気温である．データは気象庁のウェブサイト[1]から取得した．この表から 10 月 1 日の気温についてどんな傾向が読み取れるだろうか．それは他の日と比較しなければわからない．表 2.2 は彦根市の同じ期間の 12 月 1 日の最低気温である．この 2 つの表を比べると何がわかるだろうか．10 月 1 日より 12 月 1 日のほうが全体に気温が低そうに見える．しかし，それは本当だろうか．また，そうだとしてそれはどの程度だろうか．

実世界にはさまざまなデータがある．多くの場合，実際のデータは膨大すぎて，全貌を把握できない．表 2.1 と表 2.2 はそれぞれたった 30 個の気温を含むだけのデータだが，それでも把握して比較するのは容易ではない．データを把握できなければ，有効に活用できない．そこで，データを分析し，活用するた

---

[1] http://www.data.jma.go.jp/gmd/risk/obsdl/index.php

**表 2.1** 彦根市の 1988 年から 2017 年の 10 月 1 日の最低気温 (℃)

| 1988 | 1989 | 1990 | 1991 | 1992 | 1993 | 1994 | 1995 | 1996 | 1997 |
|---|---|---|---|---|---|---|---|---|---|
| 15.2 | 12.0 | 19.8 | 17.5 | 15.8 | 14.4 | 20.3 | 18.2 | 15.4 | 11.9 |
| 1998 | 1999 | 2000 | 2001 | 2002 | 2003 | 2004 | 2005 | 2006 | 2007 |
| 22.6 | 20.2 | 17.7 | 18.6 | 18.1 | 11.3 | 14.9 | 19.9 | 16.2 | 17.6 |
| 2008 | 2009 | 2010 | 2011 | 2012 | 2013 | 2014 | 2015 | 2016 | 2017 |
| 17.7 | 17.7 | 14.7 | 14.7 | 19.4 | 20.0 | 20.3 | 15.4 | 19.8 | 12.1 |

**表 2.2** 彦根市の 1988 年から 2017 年の 12 月 1 日の最低気温 (℃)

| 1988 | 1989 | 1990 | 1991 | 1992 | 1993 | 1994 | 1995 | 1996 | 1997 |
|---|---|---|---|---|---|---|---|---|---|
| 3.6 | 3.0 | 11.8 | 6.8 | 7.6 | 10.4 | 5.1 | 3.0 | −1.3 | 4.4 |
| 1998 | 1999 | 2000 | 2001 | 2002 | 2003 | 2004 | 2005 | 2006 | 2007 |
| 7.3 | 6.2 | 5.8 | 5.8 | 6.3 | 12.1 | 3.9 | 4.1 | 5.7 | 5.8 |
| 2008 | 2009 | 2010 | 2011 | 2012 | 2013 | 2014 | 2015 | 2016 | 2017 |
| 2.6 | 4.6 | 5.7 | 7.3 | 4.5 | 3.2 | 8.3 | 5.2 | 8.6 | 6.2 |

めに，データを直感的に把握する方法が必要となる．データを直感的に把握するためのさまざまな方法が開発されているが，その中でも基本的で有用な方法を本章では紹介する．

## 2.1 ヒストグラム・箱ひげ図・平均値と分散

### 2.1.1 ヒストグラム

データサイエンスでは個数や長さのようなデータも，性別や生物の種のようなデータも扱う．個数や長さのような数量 (10 個，25 cm) を表すものを**量的データ**，性別や生物の種のような数量ではない分類項目 (女，ハクチョウ) を表すものを**質的データ**という．

個数や長さは「A は B より 3 個多い」，「C は D より 4 cm 長い」のように差で表せる．また，「5 倍の個数」，「2 倍の長さ」のように倍数でも表せる．このようなデータ間の差と比がともに意味をもつ量的データを**比例尺度**という．これに対して，今日の気温は 10 ℃ だから昨日の 2 ℃ より 8 ℃ 高いとはいえるが，5 倍だとはいわない (もしいえたら −6 ℃ なら −3 倍になってしまう)．また，午後5時は午後2時の3時間後だが，2.5倍ではない (しかし「5時間は2時間の2.5倍」とはいえる)．これらのようなデータ間の差は意味をもつが，比は意味をもたない量的データを**間隔尺度**という．量的データには個数のように整数にしかならない**離散データ**と長さのように小数にもなる**連続データ**がある．

「小さい・中ぐらい・大きい」や「とてもよい・ややよい・やや悪い・とても悪い」は質的データである．これらのように大小・前後が決まる質的データを**順序尺度**という．これに対して，「男・女」や「ハクチョウ・カワラバト・ゴイサギ」のような順序のない質的データを**名義尺度**という．

**ヒストグラム**は量的データの分布の傾向を表すグラフである．値を0以上10未満，10以上20未満，20以上30未満，$\cdots$ などの区間に分けて，それぞれの区間に含まれるデータの個数を棒の長さで表す．ヒストグラムを使えば，データの値の散らばり方の傾向を見られる．

図2.1はヒストグラムの例である．ヒストグラムでは，それぞれの区間に含まれるデータの個数 (**度数**，**頻度**) を棒の長さで表す．棒の長さは相対度数 (度数/合計数) を表すこともある．たとえば，このヒストグラムからは，60以上65未満の値をもつデータが10個あることが読みとれる．このように，ヒストグラムを使えばデータの値がどのように散らばっているのかを直感的に把握できる．連続データのヒストグラムは棒と棒を隙間なしで並べる．

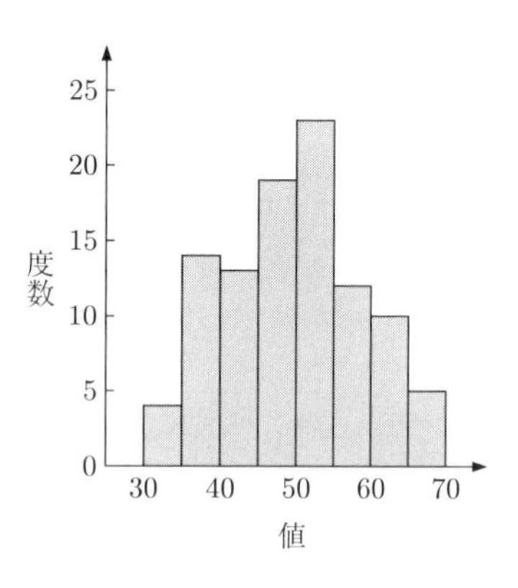


**図2.1**　ヒストグラムの例

さまざまなデータについてヒストグラムを描いてみると，散らばり方もさまざまであることがわかる．たとえば，図2.2Aと図2.2Bを比べてみよう．図2.2Aのほうが図2.2Bよりも散らばりが小さいことがわかる．散らばりが小さい場合は，散らばりが大きい場合に比べて棒のある範囲が狭くなる．また，ヒストグラムが左右に偏った形になることもある．図2.2Cでは小さな値にデータが集中しているが，大きな値をとるものも少数存在することがわかる．このような散らばり方を「**右に裾を引いている**」という．左右逆にした形ならば「左

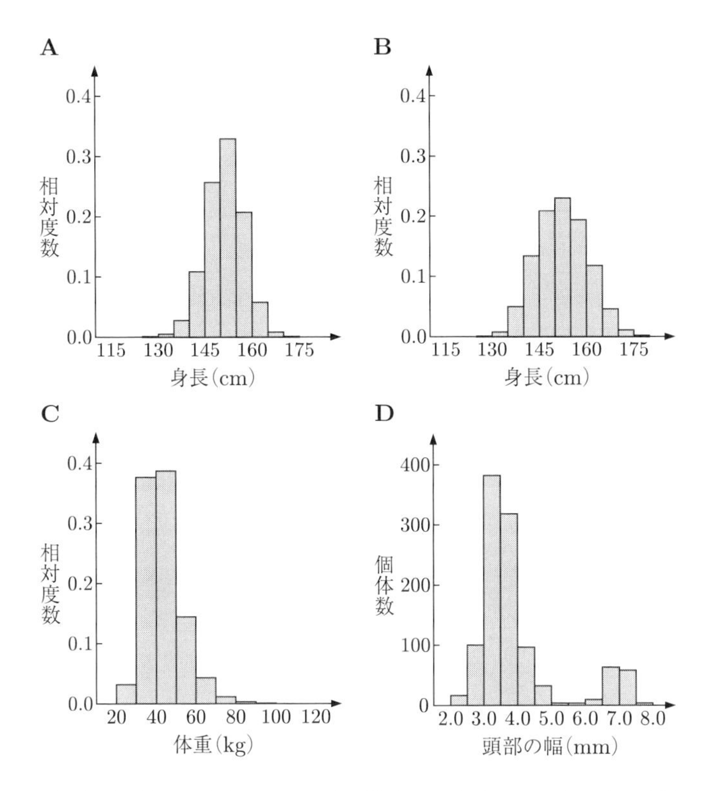


**図 2.2**　さまざまな形のヒストグラム．A：散らばりが小さい，B：散らばりが大きい，C：右に裾を引いている，D：二峰性．A は 12 歳女子の身長，B は 12 歳男子の身長，C は 12 歳男子の体重で，いずれも平成 29 年度学校保健統計調査による (https://www.e-stat.go.jp/stat-search/files?tstat=000001011648)．D はギガスオオアリの働きアリの頭部の幅の分布 (Pfeiffer M. & Linsenmair K. E., 2000) で，小型働きアリと大型働きアリ (兵アリ) に分かれていることがわかる．

に裾を引いている」という．また，ヒストグラムが図 2.2 D のような形になることもある．図 2.2 D のヒストグラムでは，山が 2 つあるように見える．このような場合を**二峰性**という．2 つ以上山がある場合を**多峰性**ともいう．逆に，山が 1 つの場合 (図 2.2 A, B, C など) を**単峰性**という．

図 2.3 は 1988 年から 2017 年の 30 年分の彦根市の各年 10 月 1 日，11 月 1 日，12 月 1 日の最低気温のヒストグラムである．10 月 1 日と 12 月 1 日のデータは表 2.1 と表 2.2 に示したものと同じである．これらのヒストグラムを比較す

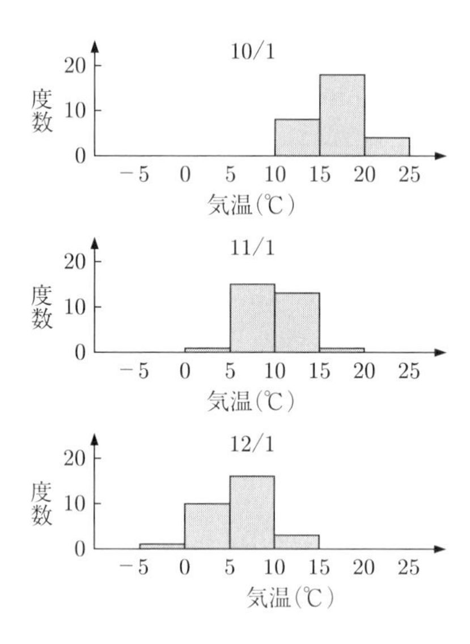


**図 2.3**　1988 年から 2017 年の 30 年分の彦根市の 10 月 1 日，11 月 1 日，12 月 1 日の最低気温のヒストグラム

ると，10 月 1 日，11 月 1 日，12 月 1 日の順に気温が下がっていることがわかる．また，このヒストグラムからは 12 月 1 日には氷点下となった日があることが読みとれる．ヒストグラムは表よりデータの傾向をはるかに把握しやすい．

図 2.3 の 3 つのヒストグラムでは，横軸の範囲をすべて揃えてある．10 月 1 日は 10℃ 未満の日はなく，12 月 1 日は 15℃ 以上の日はない．そこで，10 月 1 日は横軸を 10℃ から 25℃，12 月 1 日は −5℃ から 15℃ にすることもできる．しかし，横軸の範囲をグラフごとに変えてしまうと比較が難しくなる．そのため，図 2.3 のように，類似のデータを比較するための複数のヒストグラムを並べる場合は，横軸の範囲を揃えるのがよい．また，縦軸の範囲も揃えておいた方が読みとりやすくなる．図 2.3 の 3 つのヒストグラムの縦軸は 0 から 20 だが，もし 1 つだけ縦軸が 0 から 30 だとすると，度数の比較が難しくなる．このようにヒストグラムなどのグラフは比較をしやすくするように工夫する必要がある．

ここで，区間の数の決め方を説明しておこう．図 2.3 の 3 つのヒストグラムは，5℃ 刻みの 6 個の区間に分けられている．同じデータをヒストグラムにするときに，10℃ 刻みの 3 個の区間に分けてもよいし，2.5℃ 刻みの 12 個の区

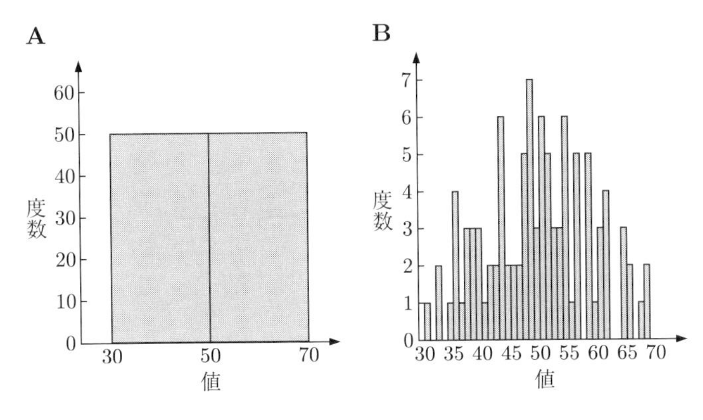


**図 2.4**　区間の分け方が大まかすぎるヒストグラム (A) と細かすぎるヒストグラム (B)

間に分けてもよい．しかし，区間の分け方が大まかすぎてはデータの様子がわかりにくくなるし，細かすぎても逆にわかりにくくなる．図 2.4 A, B は図 2.1 と同じデータをヒストグラムにしたものだが，図 2.4 A は区間が大まかすぎるし，図 2.4 B は区間が細かすぎる．区間を何個に分けるのがよいかは場合による．しかし，一般に標本の大きさ (**サンプルサイズ**) の平方根程度がよいとされている．実際にこの方法を試してみよう．図 2.1 と図 2.4 は 100 個のデータを含んでいる．$\sqrt{100} = 10$ なので，10 個ぐらいに区切るのがよいとわかる．図 2.1 は 8 個の区間に分けられているから，この基準におよそ適合している．なお，4.1.3 項で説明するようにスタージェスの公式もよく用いられる．

ここまでのヒストグラムでは区間の幅は一定だった．しかし，左右に裾を引いている場合などは区間の幅を一定にすると，極端にデータの個数が少なくなる区間が出てくる (図 2.5 A)．このような場合には，区間の幅を適宜変えた方がわかりやすい (図 2.5 B)．区間の幅を変えた場合は，棒の長さではなく面積が度数に比例するように描き，縦軸は度数ではなく各区間の度数の割合を区間の幅で割ったもの (密度) を表示する．つまり，面積の和が 1 になるようにする．

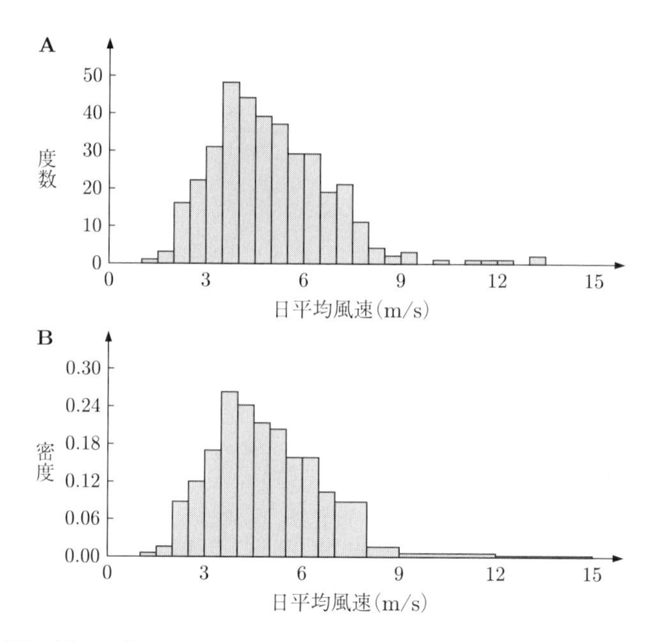


**図 2.5**　区間の幅が一定のヒストグラム (A) と区間の幅を適宜変えたヒストグラム (B). 那覇市の 2017 年 1 月 1 日から 2017 年 12 月 31 日までの日平均風速を使った.

### 2.1.2　箱ひげ図

ヒストグラムはデータがどのように散らばっているかをわかりやすく示す. ヒストグラムからはさまざまなことが読みとれる. たとえば図 2.2 のように散らばり方や裾の引き方や多峰性を確認できる. 図 2.3 を見れば, 何 ℃ から何 ℃ の範囲に何個のデータが含まれるかも読みとれる. しかし, 逆にいえば, ヒストグラムは情報量が多すぎる. 実際には, 何 ℃ から何 ℃ の範囲に何個のデータが含まれるかを読みとれる必要はないことも多い. もっと簡便に要点だけわかるような図のほうがよいこともある. 特に, 図 2.3 では 10 月 1 日, 11 月 1 日, 12 月 1 日の 3 日間の最低気温を示したが, もしヒストグラムを使って 12 カ月すべての月はじめの最低気温を表示したり, 最高気温も含めて表示したりするならば, 図が複雑になりすぎて読みとりにくくなるだろう. データの散らばり方の様子をもっと簡便に表せる図があるとよい.

**箱ひげ図**は，データの散らばり具合を，図 2.6 のように箱とひげを使って表した図である．箱ひげ図は，箱にひげが生えたような形の図なので箱ひげ図とよばれる．箱ひげ図を使えば，データの中央値・最小値・最大値・第 1 四分位点・第 3 四分位点の位置を一度に表示できる．

ここで，中央値，第 1 四分位点，第 3 四分位点とは何かを説明しておこう (四分位点を四分位数とよぶこともある)．**中央値**は，データを値の小さい順に並べ替えたとき，ちょうど中央にくる値である．たとえば，

$$8,\ 7,\ 12,\ 5,\ 11$$

は並べ替えると

$$5,\ 7,\ 8,\ 11,\ 12$$

なので，中央値は 8 となる．データが偶数個の場合は，中央にくる 2 つの値の平均値を中央値とする．たとえば，

$$8,\ 7,\ 12,\ 5,\ 11,\ 1$$

は並べ替えると

$$1,\ 5,\ 7,\ 8,\ 11,\ 12$$

なので，中央値は

$$\frac{7+8}{2} = 7.5 \tag{2.1}$$

となる．

第 1 四分位点と第 3 四分位点は，データを中央値で分け，値が小さいデータと値が大きいデータに分割して求める．**第 1 四分位点**は値が小さいデータの中央値で，**第 3 四分位点**は値が大きいデータの中央値である．たとえば，

$$1,\ 5,\ 7,\ 8,\ 11,\ 12$$

は

$$1,\ 5,\ 7 \text{ と } 8,\ 11,\ 12$$

の 2 つに分割され，第 1 四分位点は 5，第 3 四分位点は 11 となる．

実際のデータで第 1 四分位点と第 3 四分位点を求めるときには注意が必要である．まず，中央値で値が小さいデータと大きいデータに分割するとき，元のデータの大きさが奇数個か偶数個かで扱いが異なる．偶数個なら，すでに見たように同数の 2 つの集団に分ければよい．奇数個なら，中央値を除いて小さい

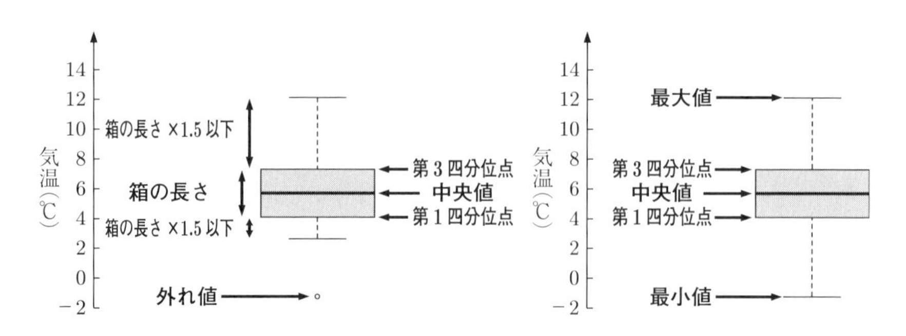


**図 2.6**　A テューキーの方式による箱ひげ図. B 簡便法による箱ひげ図

データと大きいデータに分割する場合と，中央値を小さいデータと大きいデータの両方に含める場合がある．中央値を除く場合は,

$$5, 7, 8, 11, 12$$

を

$$5, 7 \text{ と } 11, 12$$

に分割して，第 1 四分位点は 6，第 3 四分位点は 11.5 となる．中央値を両方に含める場合は,

$$5, 7, 8, 11, 12$$

を

$$5, 7, 8 \text{ と } 8, 11, 12$$

に分割して，第 1 四分位点は 7，第 3 四分位点は 11 となる．四分位点のこの求め方を**ヒンジ法**という (ヒンジとは蝶つがいの意味)．四分位点の求め方には他の方法も提案されており，ソフトウェアによって異なる値が出力されることがある．また，第 3 四分位点と第 1 四分位点の差を**四分位範囲**という．

箱ひげ図は次のように描く．

① データの第 1 四分位点から第 3 四分位点の間に箱を描く．

② 中央値の位置に線を引く．

③ 箱から箱の長さ (四分位範囲) の 1.5 倍を超えて離れた点 (外れ値) を点 (白丸) で描く．

④ 外れ値ではないものの最大値と最小値まで箱からひげを描く．

この方法で表 2.2 の 12 月 1 日の最低気温を描いたのが図 2.6 A である．箱ひげ図のこの描き方を**テューキーの方式**とよぶ．

箱ひげ図にはもっと簡便な描き方もある (図 2.6 B)．この方式では，外れ値は表示せず，すべてのデータの中の最大値と最小値まで箱からひげを描く．ここでは箱ひげ図を縦に描いたが，90 度回転させて横に描くことも多い．

図 2.7 は 1988 年から 2017 年の 30 年分の彦根市の各月の初日の最低気温をテューキーの方式で箱ひげ図にしたものである．ヒストグラムでも見られたとおり，箱ひげ図からも，10 月 1 日から 11 月 1 日，12 月 1 日と進むにつれて最低気温が下がることがわかる．また，8 月 1 日，9 月 1 日，12 月 1 日には外れ値がある．9 月 1 日は最低気温が狭い範囲に集中しているが，まれにこの範囲から上下に大きくはみ出す年があることが読みとれる．この図をヒストグラムで描くと，ヒストグラムを 12 個描くことになり，図が複雑化して見にくくなることに注意しよう．箱ひげ図からはデータの散らばりの様子が効率的に読みとれる．

箱ひげ図はデータの散らばりが小さい場合は短くなり，データの散らばりが大きい場合は長くなる．単峰性の場合，ヒストグラムの山の頂は箱の中にあることが多い．右か左に長く裾を引いている場合，長く裾を引いた方向にひげが長く伸びたり，外れ値が多数描かれたりする．箱ひげ図を使ったデータの可視化は，統計分析の非常に重要な要素である．

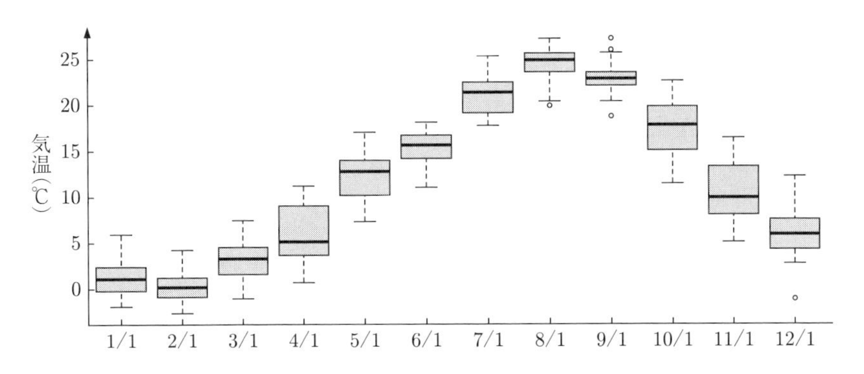


**図 2.7**　1988 年から 2017 年の 30 年分の彦根市の各月の初日の最低気温の箱ひげ図

### 2.1.3　平均値と分散

ヒストグラムや箱ひげ図はデータがどのように散らばっているかを図で示す．データを図で表すとデータの全体的な特徴を把握しやすくなる．しかし，図ではなく，数値で表したいこともある．データを集約して1つの数値として表せばより簡便になる．データを1つの数値に集約したものを**代表値**とよぶ．箱ひげ図の説明で出てきた中央値も代表値の1つである．

代表値の中でも最もよく用いられるのが**平均値**である．ここで，$n$ 個の値 $x_1, \ldots, x_n$ からなる標本を考える．平均値はこれらの和を標本の大きさ (サンプルサイズ) $n$ で割ったものである．数式で表すと，

$$\begin{aligned} \bar{x} &= \frac{x_1 + x_2 + \cdots + x_n}{n} \\ &= \frac{1}{n} \sum_{i=1}^{n} x_i \end{aligned} \tag{2.2}$$

となる．平均値は変数の上に線を引いて $\bar{x}$ のように書くことが多い (エックスバーと読む)．値が全体に大きければ平均値も大きくなり，値が全体に小さければ平均値も小さくなる．5 cm, 10 cm, 12 cm, 13 cm の平均値は

$$\frac{5 + 10 + 12 + 13}{4} = 10 \text{ cm} \tag{2.3}$$

となる．

同じ代表値でも，平均値と中央値は異なる値を取りうることに注意が必要である．たとえば実データには，右に裾を引いており，平均値が中央値より大きいものがよくある．また，もう一つの代表値である**最頻値** (もっとも頻繁に現れる値) も平均値や中央値とは異なることが多い．

平均値や中央値はデータの位置を測る指標だが，データの散らばりを測る指標として**分散**や**標準偏差**がある．データの散らばりが大きいほど分散や標準偏差の値は大きく，データの散らばりが小さいほど分散や標準偏差の値は小さくなる．分散および標準偏差を計算すると，図 2.2 A は図 2.2 B よりも小さくなる．

分散と標準偏差は，次のように求められる．$x_1, \ldots, x_n$ をサイズ $n$ のデータとすると，分散 $\sigma^2$ は

$$\sigma^2 = \frac{(x_1 - \bar{x})^2 + (x_2 - \bar{x})^2 + \cdots + (x_n - \bar{x})^2}{n}$$

$$= \frac{1}{n}\sum_{i=1}^{n}(x_i - \bar{x})^2 \tag{2.4}$$

で求められる．ただし，$\bar{x}$ は前に定義した平均値である．この分散とは少し形の違う**不偏分散** $s^2$ を使うこともある．不偏分散は

$$s^2 = \frac{(x_1 - \bar{x})^2 + (x_2 - \bar{x})^2 + \cdots + (x_n - \bar{x})^2}{n-1}$$
$$= \frac{1}{n-1}\sum_{i=1}^{n}(x_i - \bar{x})^2 \tag{2.5}$$

と $n-1$ で割って求められる．分散と不偏分散には

$$s^2 = \frac{n}{n-1}\sigma^2 \tag{2.6}$$

の関係がある．分散の平方根 $\sqrt{\sigma^2}$ (または不偏分散の平方根 $\sqrt{s^2}$) を標準偏差という．

分散や標準偏差の性質を見ておこう．$x_i$ はどれも実数で，$\bar{x}$ も実数となる．式 (2.4) から，分散は実数の 2 乗の和を $n$ で割ったものである．実数の 2 乗は負の値をとらないから，分散も負の値をとらないことがわかる．標準偏差は分散の平方根なので，これも負の値をとらない．

分散や標準偏差は負の値をとらないから，たいていは正の値になる．分散や標準偏差が 0 になる場合はあるだろうか．$x_i - \bar{x}$ がすべて 0 になるなら分散も標準偏差も 0 になる．つまり，すべての値が同じ値になっているときには分散と標準偏差が 0 になる．

5 cm, 10 cm, 12 cm, 13 cm の分散は

$$\frac{(5-10)^2 + (10-10)^2 + (12-10)^2 + (13-10)^2}{4} = 9.5\ \mathrm{cm}^2 \tag{2.7}$$

となる．標準偏差は分散の平方根なので，

$$\sqrt{9.5} \approx 3.08\ \mathrm{cm} \tag{2.8}$$

である．平均値や標準偏差は元の値と同じ単位だが，分散は単位が違うことがわかる．単位が違っていると散らばりの指標としてわかりにくいので，以下では単位が同じになる標準偏差を主として使う．

簡単なデータに対して標準偏差を計算してみよう．表 2.3 に，2011 年から 2017 年の 7 年間の彦根市の 10 月 1 日，11 月 1 日，12 月 1 日の最低気温と，そ

表 2.3　彦根市の2011年から2017年の10月1日，11月1日，12月1日の最低気温とその平均と標準偏差 (℃).

| | 2011 | 2012 | 2013 | 2014 | 2015 | 2016 | 2017 | 平均 | 標準偏差 |
|---|---|---|---|---|---|---|---|---|---|
| 10/1 | 14.7 | 19.4 | 20.0 | 20.3 | 15.4 | 19.8 | 12.1 | 17.4 | 3.0 |
| 11/1 | 11.3 | 9.8 | 9.7 | 14.3 | 5.8 | 7.9 | 5.9 | 9.2 | 2.8 |
| 12/1 | 7.3 | 4.5 | 3.2 | 8.3 | 5.2 | 8.6 | 6.2 | 6.2 | 1.9 |

れらの平均値と標準偏差を示す．最低気温の散らばりが小さい日ほど標準偏差の値が小さく，大きい日ほど標準偏差の値が大きいことがわかる．

本節の最後に，平均値の性質について説明する．サンプルサイズが大きくなると，平均値はある値 (標本の背後に想定される母集団の期待値) に近づいていくことが知られている (**大数の法則**という)．この性質は統計学の重要な基礎の1つである．

**課題学習**

*2.1-1*　e-Statから国勢調査に基づく市区町村の人口をダウンロードし，ヒストグラムにまとめよ．

*2.1-2*　気象庁のサイトから直近30年間の各地域の1月1日の気温をダウンロードし，箱ひげ図にまとめよ．また，それぞれの平均値と標準偏差を求めよ．

## 2.2　散布図と相関係数

この節では，2つの量の関係を視覚化する**散布図**と2つの量の関係を要約する**相関係数**について紹介する．2つの量とは，個人や個体などの対象に対し，それぞれから得た2種類の量的データのことである．また，散布図とは，2つの量の関係を視覚的に調べるのに適した図のことである．一方，相関係数とは，2つの量の直線的な関係の強さを表す指標である．相関係数の範囲は，$-1$から1の間であり，値が0から遠ざかるほど関係が強いことを表す．

### 2.2.1　2つの量のデータ

2種類の量を変数$X$と変数$Y$で表し，$n$組のデータを表2.4のように表す．たとえば，1番目の対象において，変数$X$の値は$x_1$，変数$Y$の値は$y_1$と表す．

また，$n$ 番目の対象において，変数 $X$ の値は $x_n$，変数 $Y$ の値は $y_n$ と表す．慣例として，変数名はアルファベットの大文字，その値は小文字で表す．表 2.4 では印刷の都合上，各変数の値を行としているが，Excel などに入力するときは変数を列として縦長に入力するほうがよい．

**表 2.4**　$n$ 組の 2 種類のデータ

| 個体 | 1 | 2 | 3 | $\cdots$ | $n$ |
|---|---|---|---|---|---|
| 変数 $X$ | $x_1$ | $x_2$ | $x_3$ | $\cdots$ | $x_n$ |
| 変数 $Y$ | $y_1$ | $y_2$ | $y_3$ | $\cdots$ | $y_n$ |

例として，2016 年滋賀県大津市における月ごとの日最高気温の平均値 (℃) と二人以上世帯あたりの飲料支出金額 (円) の 2 つの量を表 2.5 に示す (以下それぞれ日最高気温，飲料支出金額という)．月ごとの日最高気温は気象庁の過去の気象データ検索サイトから抽出した．また，飲料支出金額は「家計調査」(総務省) から抽出した．

**表 2.5**　日最高気温と飲料支出金額のデータ

| 月 | 1 | 2 | 3 | 4 | 5 | 6 |
|---|---|---|---|---|---|---|
| 日最高気温 (℃) | 9.1 | 10.2 | 14.1 | 19.8 | 25.0 | 26.8 |
| 飲料支出金額 (円) | 3416 | 3549 | 4639 | 3857 | 3989 | 4837 |

| 月 | 7 | 8 | 9 | 10 | 11 | 12 |
|---|---|---|---|---|---|---|
| 日最高気温 (℃) | 31.1 | 34.0 | 28.5 | 22.9 | 15.7 | 11.3 |
| 飲料支出金額 (円) | 5419 | 5548 | 4311 | 4692 | 3607 | 4002 |

### 2.2.2　散布図

2 つの量のデータの**散布図**の描き方を説明する．$n$ 組のデータを $(x_1, y_1), (x_2, y_2), \ldots, (x_n, y_n)$ とするとき，$(x_i, y_i)$ を座標とする点 $(i = 1, \ldots, n)$ を $X$-$Y$ 平面上にとる．

例として，図 2.8 に月ごとの日最高気温と飲料支出金額のデータ (表 2.5) の散布図を示す．横軸には日最高気温，縦軸には飲料支出金額をとる．12 組のデータを ○ 印で示す．軸のラベルには単位も併せて表示する．○ 印の中を塗りつぶさないようにすると，点の重なりが見える．

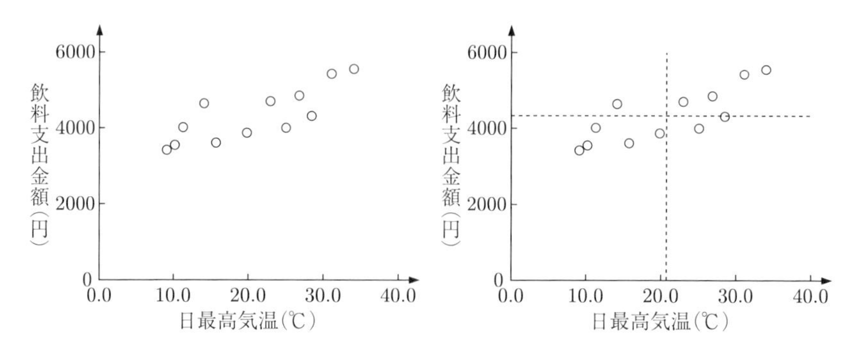


**図 2.8**　日最高気温と飲料支出金額の散布図

**図 2.9**　図 2.8 の散布図に補助線 (点線) を加えたもの

散布図の見方を説明する．散布図に 2 本の補助線 $X = \bar{x}$, $Y = \bar{y}$ を加える．$\bar{x}$, $\bar{y}$ はそれぞれ変数 $X$ と $Y$ の平均値である．補助線の交わる点の座標は $(\bar{x}, \bar{y})$ となる．これらの補助線により，$X$-$Y$ 平面を 4 つの区画に分け，どの区画にデータ点が多いかを調べる．

例として，図 2.8 に 2 本の補助線 (点線) を加えたものを図 2.9 に示す．

この図のように右上と左下の区画にデータ点が多い場合，右上がりの傾向があるという．すなわち，日最高気温が上昇すれば飲料支出金額が増加する傾向がある．ただし，これは見た目の関係であり，実際の原因かどうかはさらに調べてみる必要がある (2.4.1 項を参照)．

さらに，散布図の見方についていくつかの例を見る．図 2.10 から図 2.13 の散布図は，2016 年滋賀県大津市における月ごとの気象データと飲料支出金額の関係を表す．なお，図 2.10 の横軸は各月の最高気温そのものを示している．

これらの図から，月最高気温と飲料支出金額の関係は右上がりの傾向 (図 2.10)，最大風速と飲料支出金額の関係は右下がりの傾向 (図 2.11)，合計降水量と飲料支出金額の関係はわずかに右上がりの傾向 (図 2.12)，平均風速と飲料支出金額との関係はわずかに右下がりで，平均風速の散らばりが最大風速に比べて小さいことがわかる (図 2.13)．

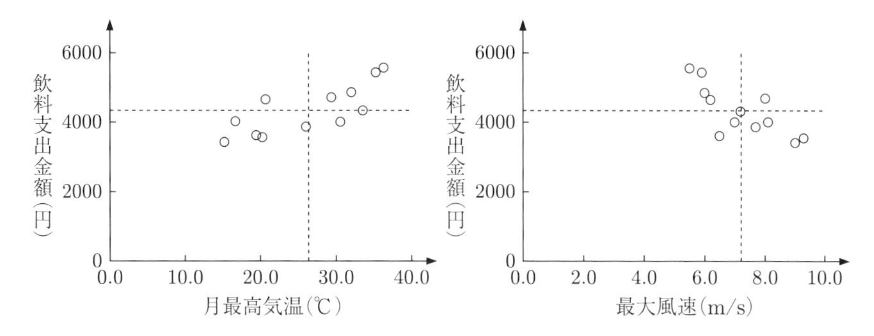


**図 2.10** 月最高気温と飲料支出金額の散布図

**図 2.11** 最大風速と飲料支出金額の散布図

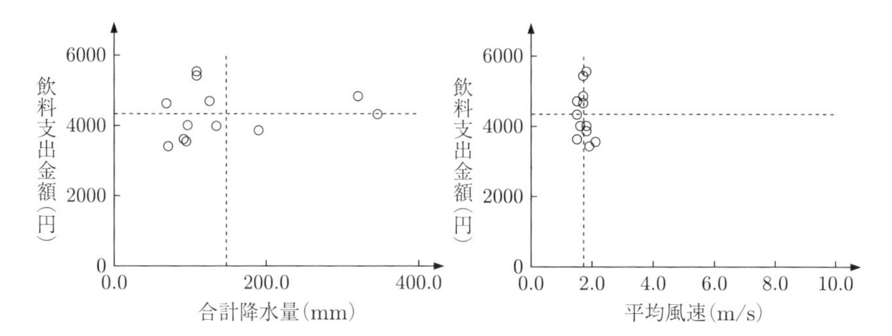


**図 2.12** 合計降水量と飲料支出金額の散布図

**図 2.13** 平均風速と飲料支出金額の散布図

次に，**外れ値**の影響について説明する．例として，仮想データを用いた散布図 (図 2.14) を見る．これは図 2.8 に 1 点△をつけ加えたものである．△印の点は他の○と比べて飲料支出金額の値が極端に低い．これを外れ値とみなす．散布図から外れ値が見つかる場合には，元のデータと照らし合わせ，入力に誤りがないかを確認し，データ解析からその値を削除するかを検討する．

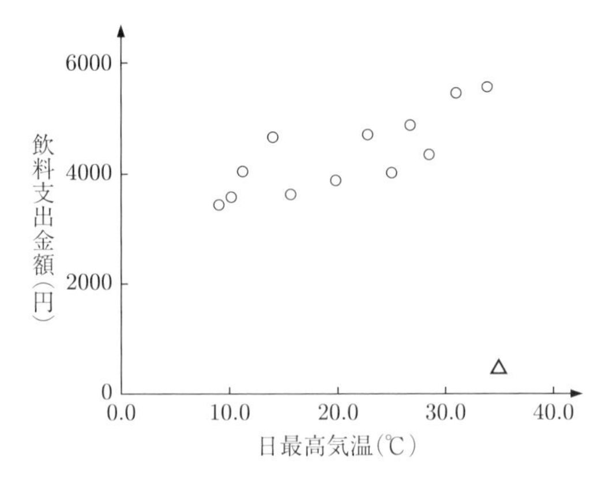


**図 2.14**　仮想データを用いた散布図

### 2.2.3　相関係数

2つの量のデータの**相関係数**について説明する．変数 $X$ と $Y$ の相関係数 $r_{XY}$ は次の式で与えられる．

$$\text{相関係数}\, r_{XY} = \frac{[X\text{ と }Y\text{ の共分散}]}{[X\text{ の標準偏差}] \times [Y\text{ の標準偏差}]} = \frac{s_{XY}}{s_X s_Y} \tag{2.9}$$

式 (2.9) の分子が変数 $X$ と $Y$ の**共分散** $s_{XY}$，分母が変数 $X$ の標準偏差 $s_X$ と変数 $Y$ の標準偏差 $s_Y$ の積である．ここで，変数 $X$ と $Y$ の共分散 $s_{XY}$ は，変数 $X$ の偏差と変数 $Y$ の偏差の積を平均したもので与えられる．変数 $X$ の偏差は，変数 $X$ の値から平均値 $\bar{x}$ を引いた量 $(x_i - \bar{x})$ であり，変数 $Y$ についても同様である．式で書けば，$X$ と $Y$ の共分散 $s_{XY}$ は次のように表される．

$$\begin{aligned} s_{XY} &= \frac{1}{n}\{(x_1 - \bar{x})(y_1 - \bar{y}) + \cdots + (x_n - \bar{x})(y_n - \bar{y})\} \\ &= \frac{1}{n}\sum_{i=1}^{n}(x_i - \bar{x})(y_i - \bar{y}) \end{aligned} \tag{2.10}$$

相関係数の符号について説明する．相関係数の符号は，共分散を求める際に用いた偏差の積の和の符号と同じである．例として，散布図の見方で用いた日最高気温と飲料支出金額の散布図を用いる．散布図に2本の補助線 $X = \bar{x}$，$Y = \bar{y}$ を加え，$X$-$Y$ 平面を4つの領域 A, B, C, D に分ける (図 2.15)．この図の右上の領域 A では，$x_i - \bar{x}$ と $y_i - \bar{y}$ がともに正の値で，偏差の積 $(x_i - \bar{x})(y_i - \bar{y})$ も正の値となる．また，左下の領域 C では，$x_i - \bar{x}$ と $y_i - \bar{y}$ がともに負の値で，

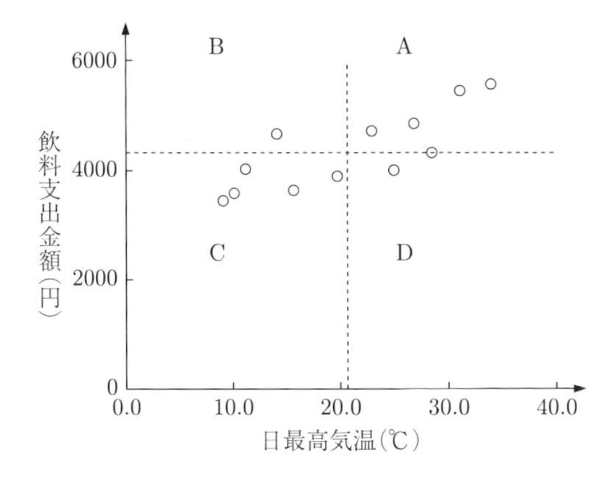


**図 2.15**　散布図を 4 つの区画に分けたもの

偏差の積は正の値となる．一方，左上の領域 B では，$x_i - \bar{x}$ が負の値，$y_i - \bar{y}$ が正の値で，偏差の積は負の値となる．また，右下の領域 D では，$x_i - \bar{x}$ が正の値，$y_i - \bar{y}$ が負の値で，偏差の積は負の値となる．したがって，領域 A や領域 C にある点が領域 B や領域 D にある点より多く，右上がりの場合，相関係数の符号は正となる傾向がある．逆に，領域 A や領域 C にある点が領域 B や領域 D にある点より少なく，右下がりの場合，相関係数の符号は負となる傾向がある．相関係数が正の値のとき**正の相関**，負の値のとき**負の相関**があるという．そして，相関係数が 0 のとき**無相関**という．実際のデータでは相関係数がぴったり 0 になることはまれである．

相関係数の値の評価は使われる分野により異なる．1 つの目安として，相関係数の絶対値が 0 から 0.2 以下はほとんど関係がない，0.2 から 0.4 以下は弱い関係がある，0.4 から 0.7 以下は中程度の関係がある，0.7 から 1.0 は強い関係がある，ということにする．なお，ここでいう「関係」とは直線関係のことである．

相関係数の例をいくつか見る．図 2.15 で用いたデータにおいて，日最高気温と飲料支出金額の相関係数は 0.8 であり，2 つの量には強い正の相関があるといえる．また，図 2.10 で用いたデータにおいて，月最高気温と飲料支出金額の相関係数も 0.8 であり，2 つの量には強い正の相関があるといえる．また，図 2.11 で用いたデータにおいて，最大風速と飲料支出金額の相関係数は −0.8 であり，2 つの量には強い負の相関があるといえる．また，図 2.12 で用いたデータにおいて，合計降水量と飲料支出金額の相関係数は0.2であり，2つの量はほとんど関係がないといえる．また，図2.13で用いたデータにおいて，平均風速と飲料支出金額の相関係数は−0.2であり，2つの量はほとんど関係がないといえる．

最後に外れ値の影響について説明する．データが外れ値を含むと相関係数の値が大きく変わることがある．図2.8の散布図では相関係数は0.8であった．一方，図2.14のデータは△印の外れ値を含み，相関係数はほぼ0となる．このように，2つの量の関係を要約する際には，相関係数を散布図と併せて用いることが大切である．

**課題学習**

*2.2*　2016年滋賀県大津市における月ごとの日最高気温の平均値 (℃) と二人以上世帯あたりのアイスクリーム・シャーベット支出金額 (円) のデータ (表2.6) を用いて，2つの量の関係を調べよ．二人以上世帯あたりのアイスクリーム・シャーベット支出金額 (円) (以下，アイスクリーム支出金額という) は，「家計調査」(総務省) から抽出した．

**表 2.6**　日最高気温とアイスクリーム支出金額

| 月 | 1 | 2 | 3 | 4 | 5 | 6 | 7 | 8 | 9 | 10 | 11 | 12 |
|---|---|---|---|---|---|---|---|---|---|---|---|---|
| 日最高気温 (℃) | 9.1 | 10.2 | 14.1 | 19.8 | 25.0 | 26.8 | 31.1 | 34.0 | 28.5 | 22.9 | 15.7 | 11.3 |
| アイスクリーム支出金額 (円) | 402 | 361 | 330 | 480 | 708 | 792 | 1482 | 1235 | 830 | 615 | 453 | 427 |

## 2.3 回帰直線

この節では，2つの量の関係を定式化する**回帰直線**について紹介する．

### 2.3.1 回帰直線と最小二乗法

表2.4で表される2つの量 $X$ と $Y$ が与えられたとき，変数 $X$ の値から変数 $Y$ の値を予測することを考える．このとき，$X$ を**説明変数**，$Y$ を**目的変数**または**被説明変数**とよぶ．2つの変数に直線関係が予想されるとき，その近似直線を**回帰直線**という．いま，回帰直線が次の式で表されるとする．

$$\hat{y} = b_0 + b_1 x \qquad (2.11)$$

ここで，$\hat{y}$ は $Y$ の**予測値**，$b_0$ と $b_1$ はそれぞれ回帰直線の**切片**と**傾き**である．

$n$ 組のデータ $(x_i, y_i)\,(i = 1, 2, \ldots, n)$ から回帰直線の切片と傾きを求めるために**最小二乗法**を用いる．最小二乗法では $Y$ 軸方向の**残差** $e = y - \hat{y}$ に注目し，データ $y_i$ と $x_i$ に対応する予測値 $\hat{y}_i$ との差の 2 乗和が最小になるように回帰直線の切片と傾きを決める．その結果，傾き $b_1$ は次の式で与えられる．

$$b_1 = \frac{[X \text{ と } Y \text{ の共分散}]}{[X \text{ の標準偏差}]^2} = \frac{s_{XY}}{{s_X}^2}$$

$$= [X \text{ と } Y \text{ の相関係数}] \times \frac{[Y \text{ の標準偏差}]}{[X \text{ の標準偏差}]} = r_{XY}\frac{s_Y}{s_X} \tag{2.12}$$

式 (2.12) の分子が変数 $X$ と $Y$ の共分散 $s_{XY}$，分母が変数 $X$ の標準偏差の 2 乗すなわち $X$ の分散 ${s_X}^2$ になる．これは，変数 $X$ と $Y$ の相関係数 $r_{XY}$ に変数 $Y$ の標準偏差と変数 $X$ の標準偏差の比の値 $\dfrac{s_Y}{s_X}$ をかけたものに等しい．切片 $b_0$ は次の式で与えられる．

$$b_0 = \bar{y} - b_1\bar{x} \tag{2.13}$$

この式は，回帰直線が各変数の平均値を座標とする点 $(\bar{x}, \bar{y})$ を必ず通ることを意味する．

例として，表 2.5 の 12 組のデータを用いて日最高気温から飲料支出金額を予測してみよう．最小二乗法を用いると次のような回帰直線が求まる．

$$\hat{y} = 2947.8 + 66.4 \times x \tag{2.14}$$

予測は変数 $X$ のデータの範囲内で行うのがよい．この例では，日最高気温は 9.1〜34.0 ℃ の値をとり，日最高気温が 10 ℃ のときの飲料支出金額は $2947.8 + 66.4 \times 10 = 3611.8$ 円と予測される．また，回帰直線の傾きに着目すると，気温が 1 ℃ 上昇すると平均的に飲料支出金額が 66.4 円高くなる傾向を表す．また，回帰直線は，各変数の平均値を座標とする点 (20.7, 4322.2) を通る (図 2.16)．

### 2.3.2 目的変数の散らばり (変動) と決定係数

「回帰直線」のデータへの当てはまりの評価のために，目的変数 $Y$ の**散らばり (変動)** を調べる．データ $y$ と予測値 $\hat{y}$ との差 $y - \hat{y}$ を**残差**という．変数 $X$ と $Y$ の $n$ 組のデータ $(x_i, y_i)\,(i = 1, 2, \ldots, n)$ において，次の 3 つの変動を考える．

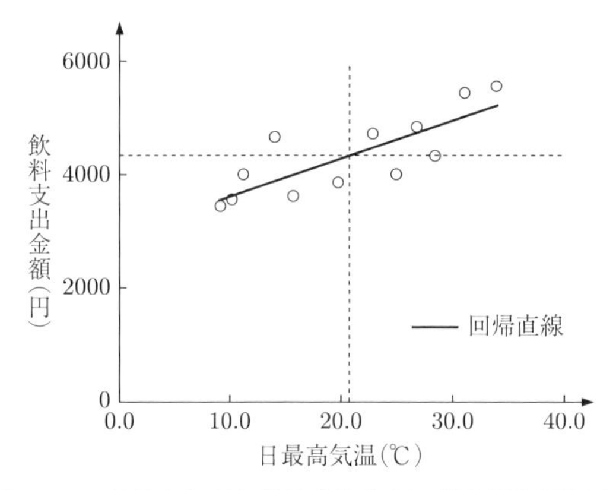


**図 2.16**　日最高気温と飲料支出金額の散布図と回帰直線

データの変動は，データ $y$ と平均値 $\bar{y}$ との差の 2 乗和

$$S_y{}^2 = (y_1 - \bar{y})^2 + \cdots + (y_n - \bar{y})^2 \tag{2.15}$$

予測値の変動は，予測値 $\hat{y}$ と平均値 $\bar{y}$ との差の 2 乗和

$$S_{\hat{y}}{}^2 = (\hat{y}_1 - \bar{y})^2 + \cdots + (\hat{y}_n - \bar{y})^2 \tag{2.16}$$

残差の変動は，データ $y$ と予測値 $\hat{y}$ との差の 2 乗和

$$S_e{}^2 = (y_1 - \hat{y}_1)^2 + \cdots + (y_n - \hat{y}_n)^2 \tag{2.17}$$

で定義する．予測値の変動と残差の変動の和はデータの変動に等しいという関係が成り立つ．

$$S_y{}^2 = S_{\hat{y}}{}^2 + S_e{}^2 \tag{2.18}$$

この関係を回帰直線のデータへの当てはまりの評価を表す**決定係数**に用いる．

決定係数 $R^2$ はデータの変動 $S_y{}^2$ と予測値の変動 $S_{\hat{y}}{}^2$ から計算される．

$$R^2 = \frac{S_{\hat{y}}{}^2}{S_y{}^2} = 1 - \frac{S_e{}^2}{S_y{}^2} \tag{2.19}$$

$R^2$ は 0 から 1 の値をとる．残差の変動が 0 に近づくと $R^2$ は 1 に近づき，データへの**当てはまりが良い**という．一方，残差の変動が大きくなると，$R^2$ は 0 に近づき，データへの**当てはまりが悪い**という．また，$R^2$ は $X$ と $Y$ の相関係数の 2 乗と等しいことが示される．

1つの例として，日最高気温から飲料支出金額を予測する回帰直線 (図 2.16) のデータへの当てはまりを調べてみると，相関係数は 0.8，決定係数は 0.64 であり，データへの当てはまりは悪くないといえる．別の例として，Messerli (New England Journal of Medicine, 2012) により報告された 23 カ国のチョコレートの消費量からノーベル賞受賞者数を予測する回帰直線のデータへの当てはまりを調べる．図 2.17 から，チョコレートの消費量が増えるとノーベル賞受賞者数が増える関係が見られる．相関係数は 0.791，決定係数は 0.63 であり，回帰直線のデータへの当てはまりは悪くないといえる．ただし，チョコレートとノーベル賞の相関係数や決定係数は，ともに見た目の関係を表す (次節の疑似相関を参照).

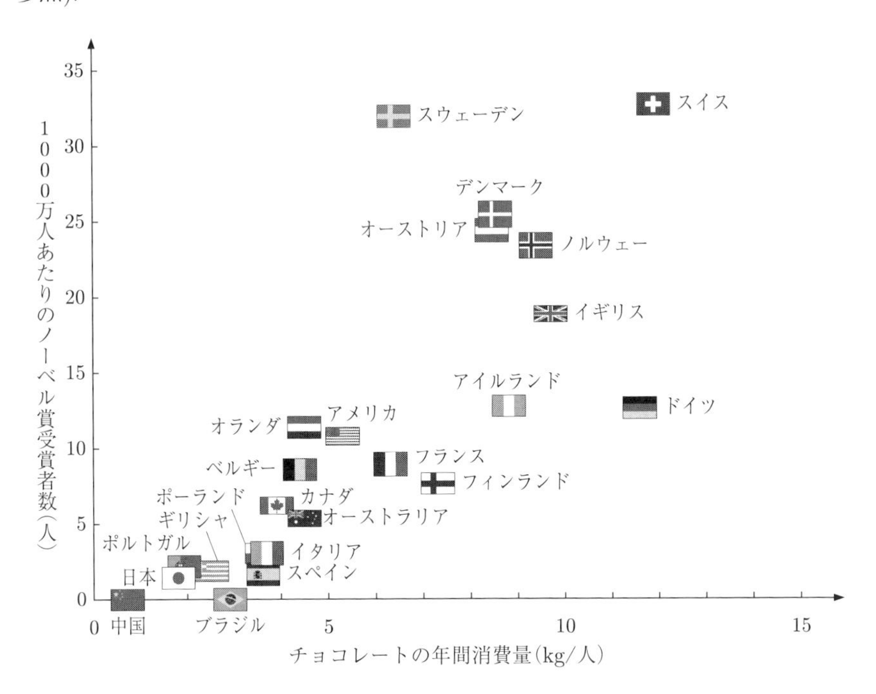


**図 2.17** チョコレート消費量とノーベル賞受賞者数の関係 (出典：Messerli (2012))

さらに別の例として，2016 年の滋賀県大津市において，各月の日最高気温 (℃) を月 (1～12) で予測する回帰直線のデータへの当てはまりを調べてみよう．図 2.18 では，日最高気温は 1 月から 8 月まで上昇し，その後下降する．すなわ

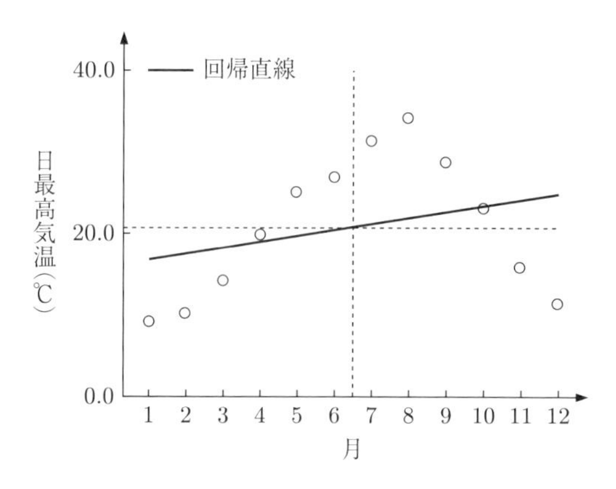


**図 2.18**　月と日最高気温の関係

ち，散布図から 2 つの量の関係は直線的でないことがわかる．この 2 つの量の相関係数は 0.309，決定係数は 0.10 であり，回帰直線 (実線) のデータへの当てはまりは悪いといえる．この例のように，2 つの量の間の関係が直線的でない場合もある．その場合には，散布図で関係を視覚化して，別の方法でその関係を要約したり定式化したりすることを考える必要がある．

**課題学習**

*2.3*　2016 年滋賀県大津市における月ごとの日最高気温 (℃) とアイスクリーム支出金額 (円) のデータ (表 2.6) を用いて，回帰直線を求め，日最高気温が 10 ℃ のときのアイスクリーム支出金額 (円) を予測せよ．また，回帰直線のデータへの当てはまりについて調べよ．

## 2.4　データ分析で注意すべき点

データ分析を正しく実施するためには，データ収集の計画を適切に立てた上でデータを収集すること，および分析結果の正しい解釈が重要である．本節ではまず相関関係と因果関係の違いを説明し，その後，2 つのグループの比較方法，さまざまなデータの収集方法，適切なグラフの使用法について説明する．

### 2.4.1 相関関係と因果関係

2つの変数の間の関係を調べるには，2.2節で説明したように散布図を描いたり相関係数を計算することが一般的である．では，2つの変数の間に**相関関係**があったときに，それらの間に**因果関係**(原因と結果の関係)があるといえるだろうか．つまり，片方の変数がもう一方の変数の原因となっており，原因となる変数を調整することで，もう一方の変数をある程度操作することが可能だろうか．実はこれは必ずしも成り立つとは限らない．2つの変数の間に相関関係があったとしても，それだけでは因果関係があるとは限らない．

ここで，1つの例をあげる．図2.19は2015年の都道府県別の警察職員数(「地方公共団体定員管理関係調査」，総務省)と刑法犯認知件数(「警察白書」，警察庁)の散布図を示している．

この散布図の相関係数は0.95である．このことから，警察職員数と刑法犯認知件数に強い因果関係があると考えられるだろうか．つまり，警察職員が多くなればなるほど，刑法犯が増えると考えられるだろうか．または，刑法犯が多くなればなるほど，警察職員が増えると考えられるだろうか．前者は明らかに不自然である．一方，後者については不自然とはいえないが，ここでは別の要因について考える．都道府県の人口という要因を考えると，人口が多くなればなるほど，

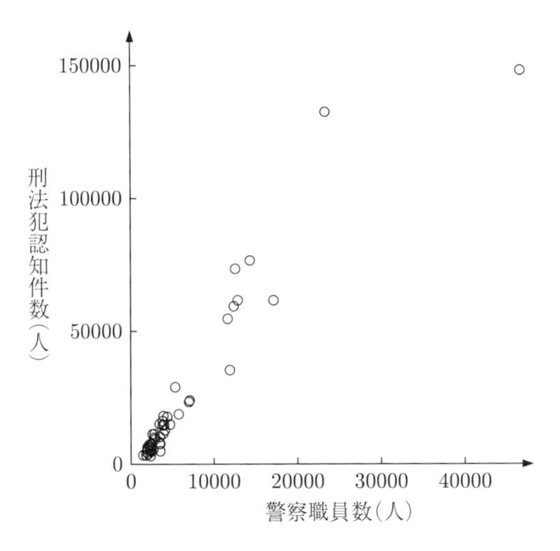


**図2.19** 2015年の都道府県別の警察職員数と刑法犯認知件数の散布図

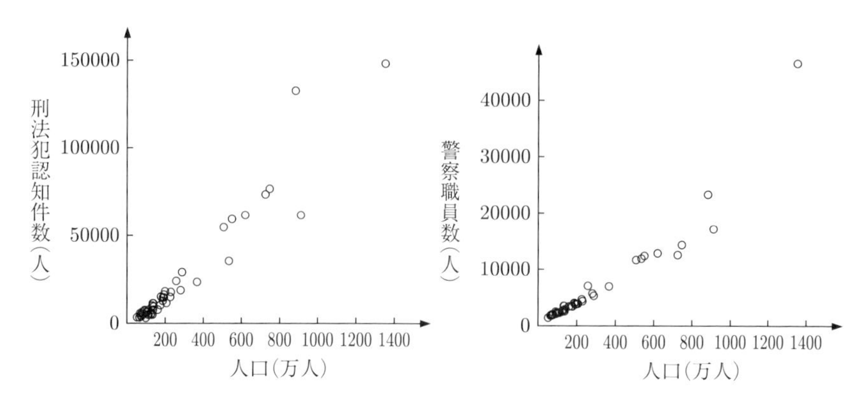


**図 2.20**　2015 年の都道府県別の人口と刑法犯認知件数の散布図 (左図)，人口と警察職員数の散布図 (右図)

警察職員が増え，刑法犯も増える．図 2.20 の左図は都道府県別の人口 (「国勢調査」，総務省) と刑法犯認知件数の散布図，右図は都道府県別の人口と警察職員数の散布図である．これらの散布図の相関係数はそれぞれ 0.96 と 0.95 である．

この例のように，調べたい 2 つの変数それぞれと相関が強い別の変数が存在する場合，もとの 2 つの変数の相関が強くなってしまうという現象が発生する．このような相関のことを**疑似相関**という．また，疑似相関の原因となる変数のことを**第 3 の変数**という．上記の人口のように第 3 の変数のデータが手元にあればさまざまな検討ができるが，第 3 の変数のデータを収集できているとは限らない．収集していない (あるいは入手できない) 第 3 の変数のことを**潜在変数**という．図 2.17 では，チョコレート消費量とノーベル賞受賞者数の間に強い相関が見られるが，これらの関係も，1 人あたりの GNP (国民総生産) を第 3 の変数とする疑似相関であるといわれている．

もし，第 3 の変数が得られている場合，その影響を除く方法はいくつか考えられる．1 つ目は第 3 の変数による層別の方法である．2 つ目は第 3 の変数が比例尺度 (計量的，計数的) である場合は，注目している変数を第 3 の変数の単位量あたりの量に変換する方法である．3 つ目は偏相関係数を計算する方法である．

まず，層別の方法について説明する．第 3 の変数の影響を受けているということは，第 3 の変数の値が近いものだけで比較すれば，第 3 の変数の影響を取り除くことができる．図 2.19 を見ると，一部の都道府県は警察職員数と刑法犯認知件数が他の都道府県よりかなり多くなっているので，ここでは人口が 600 万人以下の道府県に限定して層別を行う．図 2.21 は図 2.19 について人口が 100 万人未満 (○印)，100 万人以上 200 万人未満 (× 印)，200 万人以上 600 万人未満 (△印) で層別した散布図である．これを見ると，各層での相関は図 2.19 に比べ小さくなっていることが確認できる．各層の相関係数は 100 万人未満で 0.77，100 万人以上 200 万人未満で 0.70，200 万人以上 600 万人未満で 0.91 となり，全体の相関係数よりも小さくなっている．本来はもう少し細かく層別するとよいが，47 都道府県しかないために細かい層別が難しい．

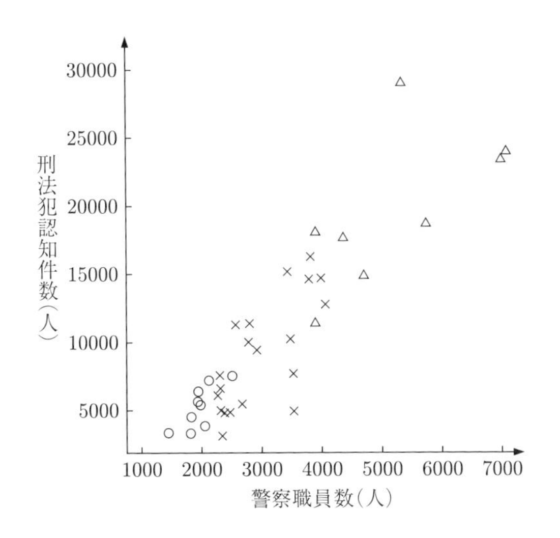


**図 2.21**　2015 年の都道府県別の警察職員数と刑法犯認知件数の層別散布図

次に，各変数を第 3 の変数の単位量あたりの量に変換する方法について説明する．ここでは，警察職員数と刑法犯認知件数について，人口 1000 人あたりの量に変換することで，人口の影響を取り除く．図 2.22 は各都道府県の人口 1000 人あたりの警察職員数と刑法犯認知件数の散布図である．この散布図の相関係数は 0.12 である．この結果から，人口の影響を除くと相関がほとんどなくなることが確認できる．

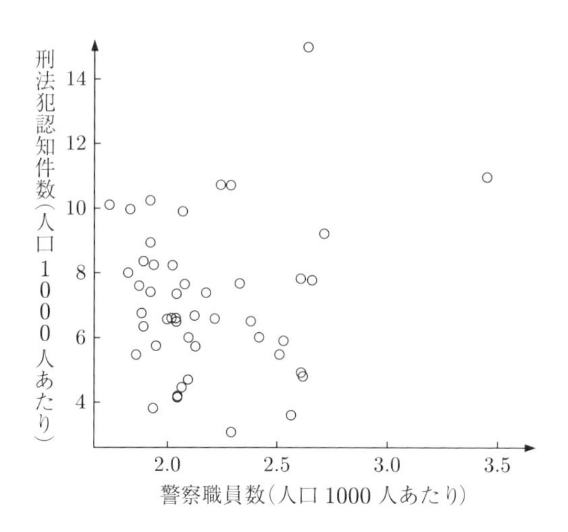


**図 2.22**　2015年の都道府県別の人口1000人あたりの警察職員数と刑法犯認知件数の散布図

最後に，**偏相関係数**について説明する．偏相関係数とは，関係を調べたい2つの変数について，別の変数の影響を取り除いた相関係数である．データを $(x_1, y_1, z_1), \ldots, (x_n, y_n, z_n)$ とする．ここで，$(x_1, y_1), \ldots, (x_n, y_n)$ の $z_1, \ldots, z_n$ の影響を除いた相関を次のように考える．

別の変数の影響を除く方法として，回帰直線の考え方を使う．$Z$ を説明変数，$X$ を目的変数とした回帰直線により，$z_i$ に対応する $X$ の予測値 $\hat{x}_i$ を求める．$\hat{x}_i$ は $x_i$ のうち $Z$ によって "説明される" 部分なので，残差 $x_1 - \hat{x}_1, \ldots, x_n - \hat{x}_n$ は $X$ から $Z$ の影響を除いたデータと考えられる．実際，$(x_i - \hat{x}_i, z_i)$ $(i = 1, 2, \ldots, n)$ の相関係数は0であることが確かめられる．同様に，$Y$ についても，$Z$ を説明変数，$Y$ を目的変数とした回帰直線を考えて，$Y$ から $Z$ の影響を除いたデータ $y_1 - \hat{y}_1, \ldots, y_n - \hat{y}_n$ を求める．そして，$(x_i - \hat{x}_i, y_i - \hat{y}_i)$ $(i = 1, 2, \ldots, n)$ の相関係数を考える．この相関係数のことを，$z$ の影響を除いた $x$ と $y$ の偏相関係数といい，

$$\frac{r_{XY} - r_{XZ} r_{YZ}}{\sqrt{(1 - r_{XZ}{}^2)(1 - r_{YZ}{}^2)}} \tag{2.20}$$

として求められる．ここで，$r_{XY}$ は $X$ と $Y$ の相関係数，$r_{XZ}$ は $X$ と $Z$ の相関係数，$r_{YZ}$ は $Y$ と $Z$ の相関係数である．図2.19について，人口の影響を除

いた47都道府県の警察職員数と刑法犯認知件数の偏相関係数は0.37となる．

このように，特定の変数の影響を除いた相関を調べる方法はいくつかあるが，どれがベストであるかは状況によって異なるので，適切に使いこなすことが重要である．また，第3の変数が手元にある場合はこのような調整が行えるが，そうでない場合は，このような調整が行えない(つまり，潜在変数の影響は取り除けない)．データを収集する段階で，潜在変数を見落とさないようにすることが重要となる．

### 2.4.2 観察研究と実験研究

前項では，2つの変数の関係を調べる際に，他の変数の影響を取り除く方法について説明した．しかし，その方法を用いても因果関係を完全に調べることはできない．そこで，本項ではある事象の影響を調べる研究について説明する．

ある事象の影響を調べたい場合，その事象を行った場合と行っていない場合を比較すればよい．たとえば，たばこを吸うと肺がん発生率が上がるかどうかを調べるために，たばこを吸う人と吸わない人での肺がん発生率を調べる．ここで，たばこを吸うか吸わないかは，各自の意志に基づいている．このように，ある事象を行うかどうかを本人が決められるという状況の下で，その事象の結果を比較する研究のことを観察研究という．

観察研究では，図2.23のように，たばこを吸うかどうかについての影響を調べたいにもかかわらず，たばこを吸う人，吸わない人のそれぞれの特徴の違いの影響も含まれるため，原因を特定することが困難となる．

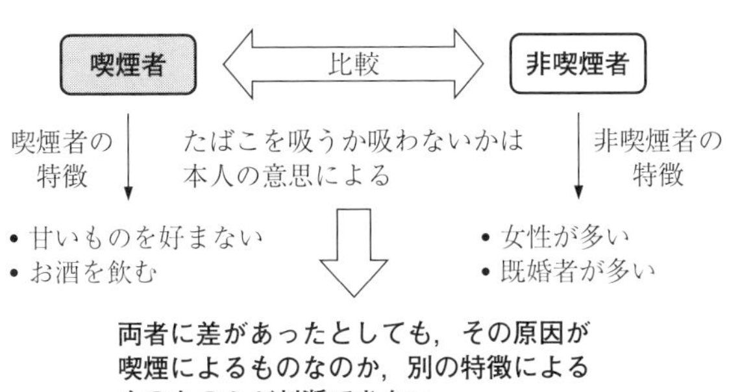


**図 2.23** 観察研究の例

よって，観察研究を行う場合は，調べたい事象以外の条件をできるだけ揃える必要がある．たとえば，たばこを吸う人と吸わない人を比較する場合，特定の性別 (男性または女性)，飲酒の有無，既婚者か未婚者か，普段の食生活などの条件を揃えて比較することで，たばこを吸うかどうかの影響を調べることが可能となる．ただし，前項の場合と同様，調べていない条件の違いについては調整することができないので，あらかじめ結果に影響を与えそうなデータはすべて集めておく必要がある．

一方，実験研究とは，ある事象の影響を調べる際，その事象を行うかどうかを研究者が割り付けた上でその違いについて調べる研究である．また，その割り付けについては，無作為に割り付けることが重要である．被験者を無作為に割り付けることで，さまざまな被験者がいたとしても似た性質をもつ被験者が各グループに同程度含まれることが期待される．

図 2.24 は，ある健康食品の効果を調べるための実験研究の例である．この例では，グループ A とグループ B の人たちの 1 カ月の影響の差を調べることで，健康食品の効果を測る．実験研究では，ある健康食品を食べたかどうか以外に，グループ間の特徴の違いは存在しないので，健康食品の効果を具体的に測ることが可能となる．

図 2.24 の比較において，グループ B の人たちに「健康食品を食べない」ようにするのではなく，「健康食品の類似品を食べる」ようにすることには重要な意

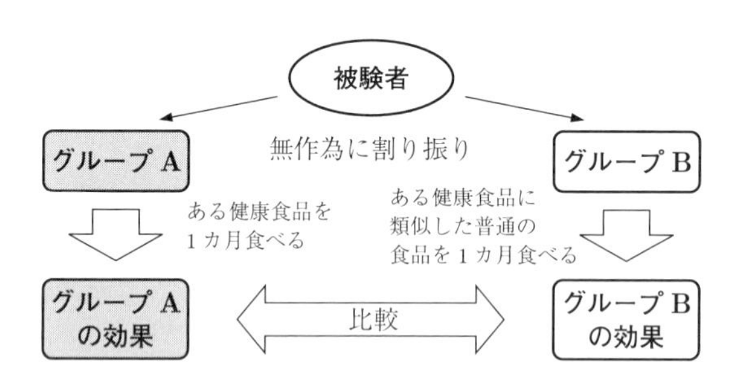


**図 2.24**　実験研究の例

味がある．人は薬を飲んだり，健康食品を食べたと「思っただけ」でさまざまな効果が現れることが知られている．このような効果のことを**プラセボ効果** (**偽薬効果**) という．そのため，グループ A とグループ B の人たちに，自分たちが健康食品を食べているかどうかを知られては，健康食品の効果を正しく知ることができなくなってしまう．そこで，このような比較実験では，被験者がどちらのグループに属しているかを知られないようにすることが重要となる．

### 2.4.3　標本調査

ある調査を行うとき，調査を行いたい対象すべてのことを**母集団**という．母集団全体を調査できることが好ましいが，一般に母集団全体を調査することは難しいことが多い．そのような場合は，母集団の一部を抜き出して調査を行うこととなる．このように，母集団から調査のために抜き出した対象全体のことを**標本**という．標本の対象数が**サンプルサイズ**である．たとえば，テレビの視聴率調査ではテレビを保有している全世帯が母集団であり，視聴率を調べる装置を設置している全世帯が標本である．また，政党の支持率調査では，有権者全体が母集団であり，電話調査を行った対象者全員が標本である．

母集団全体の調査が難しい理由として，主に次の 2 つがある．

- 費用的，時間的問題
  たとえば，日本人全体の調査の場合，母集団全体の調査には費用や時間がかかりすぎるため調査が困難となる．
- 物理的問題
  たとえば，薬の効果を調査するような場合，母集団は今後その薬を使う人全員であるため，母集団全体をあらかじめ調査することができない．

このように母集団全体の調査が難しいときは，母集団から標本を選ぶこととなる．この際，標本の特徴と母集団の特徴が似た傾向となることが重要である．

標本の特徴と母集団の特徴の差を確率的に小さくする基本的な方法は**単純無作為抽出**である．単純無作為抽出は母集団から標本を完全にランダムに選ぶ手法である．しかし，母集団が膨大な場合，単純無作為抽出ではコストがかかってしまう．たとえば，母集団が日本人全体の場合に単純無作為抽出を行うと，一人一人の調査のために日本各地へ行かなければならなくなる．そこで，単純無作為抽出よりも調査のコストを減らすような標本抽出の方法が色々と提案されている．ここでは4つの標本抽出法について説明する．

1つ目は**系統抽出**である．系統抽出とは母集団の対象全体に通し番号をつけ，適当な対象から等間隔に標本を選ぶ方法である (図 2.25)．この方法では，通し番号がランダムにつけられていれば，母集団と標本との特徴の差は確率的に小さくなるが，系統抽出では標本調査のコストはあまり小さくならない．

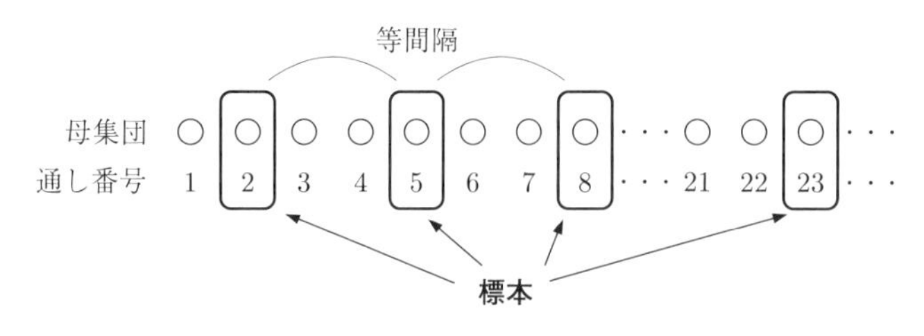


**図 2.25**　系統抽出

2つ目は**クラスター抽出**である．クラスター抽出とは母集団をいくつかのグループに分け，その中からランダムに抽出した1つまたは複数のグループを標本として選ぶ方法である (図 2.26)．母集団と標本の特徴の差を小さくするためには，特殊な偏りのあるグループを作らないようにするべきである．

母集団

| | | |
|---|---|---|
| グループ1 | グループ2 | グループ3 **標本** |
| グループ4 | グループ5 **標本** | グループ6 |

**図 2.26**　クラスター抽出

3つ目は**層化抽出**である．層化抽出とは母集団の中で似た性質をもつグループ (層) に分け (性別，年代などで分け) 各グループから標本を抽出する方法である．通常は母集団における各グループの割合と，標本における各グループの割合が等しくなるように標本を選ぶ (図 2.27)．

たとえば，ある大学の学生全体を母集団とする．この大学にはA学部，B学部，C学部，D学部，E学部の5つの学部があり，各学部の人数がそれぞれ1000

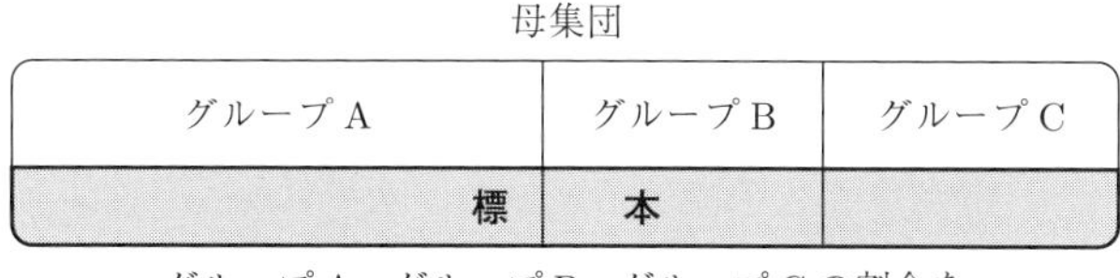


**図 2.27** 層化抽出

人，200 人，400 人，800 人，100 人とする．標本として 100 人を選ぶ場合，A 学部から 40 人，B 学部から 8 人，C 学部から 16 人，D 学部から 32 人，E 学部から 4 人を選ぶ．このとき，各学部の割合が母集団の構成と一致する．層化抽出では，各グループに似た人を集めることが重要である．

4 つ目は**多段抽出**である．多段抽出法とは，クラスター抽出を繰り返し行ったのち，最後に単純無作為抽出を行う方法である．階層が増えれば増えるほど，母集団と標本のずれが大きくなりやすいという点に注意すべきである．

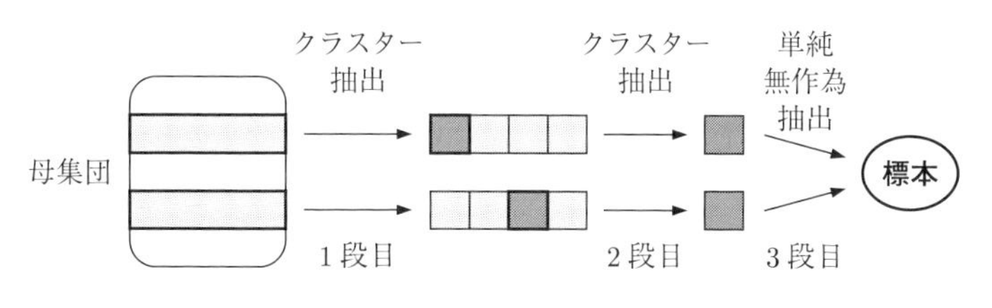


**図 2.28** 多段抽出

母集団と標本のずれの程度や，標本を集めるうえでのコストを考慮しながら，適切な標本抽出を行うことが重要となる．

### 2.4.4 適切なグラフの使い方

データの特徴を一目で把握するためには，適切なグラフを用いて可視化をする必要がある．データの種類，項目数，比較したい内容によって使用するグラフは変わってくる．基本的には次のようにグラフを選ぶとよい．

- カテゴリごと (項目ごと) の量を比較するときには，棒グラフ
- 量的データの分布を確認するときには，ヒストグラム
- データの時間的な変化を調べるときには，折れ線グラフ
- あるデータに含まれる各種割合を把握するには，円グラフ
- 複数のデータの各種割合を比較するには，帯グラフ
- 複数のデータの総量および各種割合を比較するには，積み上げ棒グラフや集合棒グラフ
- 2種類の量的データの関係を調べるためには，散布図

ヒストグラムと散布図についてはそれぞれ2.1.1項，2.2.2項で説明されているので，その他のグラフの使用に関する注意点について説明する．

まず，棒グラフについての使用法について説明する．図2.29はある製品の重量を表した棒グラフである．Bの重量がとても軽く，Cがとても重い印象を受けるだろう．この棒グラフは不適切なグラフの典型例である．このように，差が大きく見えるような目盛りの取り方をしてはならない．たとえば，全体の1%，または0.1%しか変動していなかったとしても，その部分を拡大すれば差があるように見えてしまう．

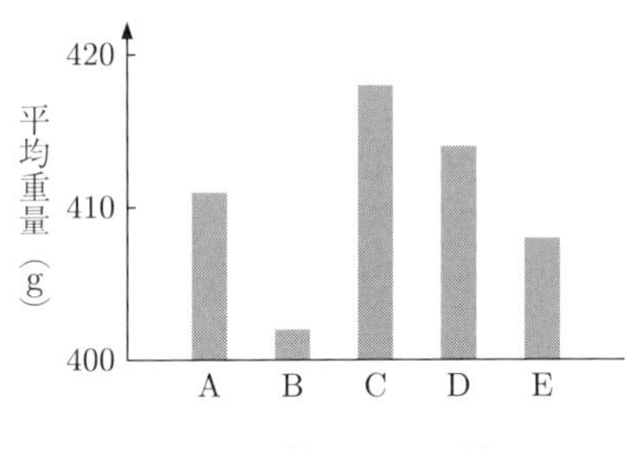


**図2.29**　棒グラフの例1

この例について，目盛りを0から示したものが図2.30の左図である．この図から確認できるように，重量の差は総量から比較すると小さいものである．棒グラフとは，棒の長さで量を表すグラフであり，目盛りを0からはじめることが重要である．ただし，品質管理の場面などでは，ある基準量からの差を見たいことがあるかもしれない．そのような場合は，基準量からの差についてグラフを作成すればよい．また，カテゴリA，B，C，D，Eが学年であったり，ア

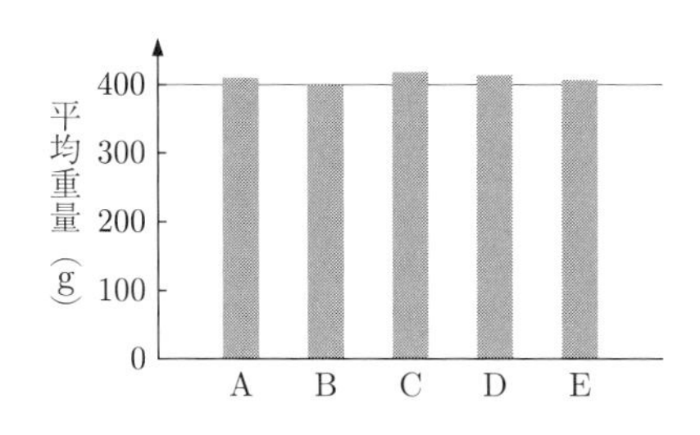

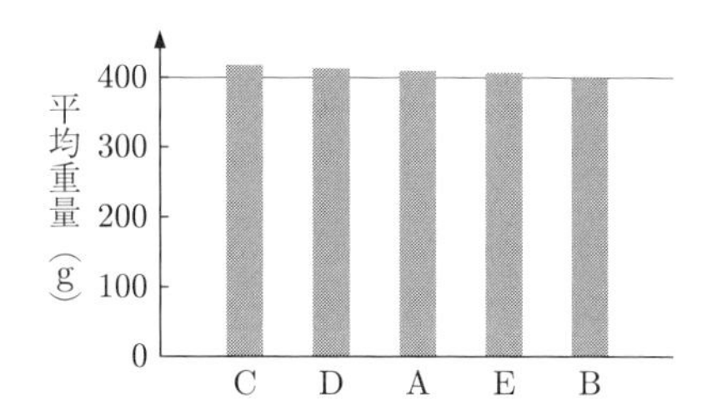


**図 2.30** 棒グラフの例 2

ンケート調査の「とてもそう思う」,「ややそう思う」,「どちらでもない」,「ややそう思わない」,「全くそう思わない」のように順序があるものであれば，その順序を変更すべきではないが，商品名を表す場合のように，その順序に特に意味がない場合，図 2.30 の右図のように降順に並べることで，量の大小関係を一目で把握することができる．また，グラフを描く上で単位を明確にすることも重要である．

次に折れ線グラフと棒グラフの違いについて説明する．まず折れ線グラフについては，時間的な変化を調べるものなので，目盛りを必ずしも 0 からはじめる必要はないが，複数のグラフを比較するときは，その目盛りは合わせるべきである．たとえば，図 2.31 はある 2 つの店舗の売上の推移を表した折れ線グラフであるが，このグラフは不適切な例である．これを見ると，店舗 A のほうが売上が多く，安定しているように見えてしまうかもしれない．しかし，これら 2 つのグラフの目盛りは異なっている．これらの目盛りを合わせたものが図 2.32 であり，かなり印象が変わるだろう．このように，複数のグラフを比較する際には，目盛りを合わせて比較することが重要である．

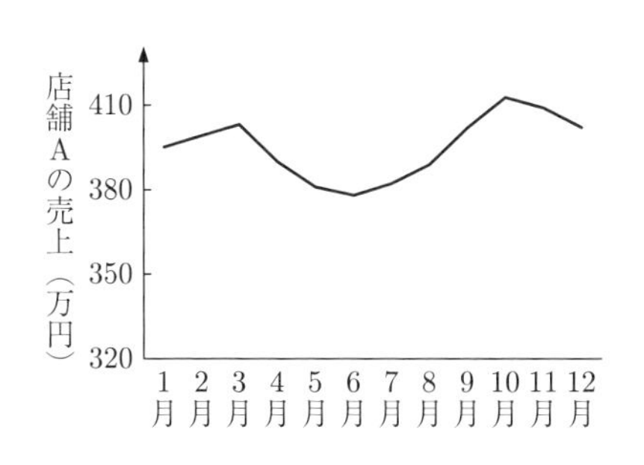

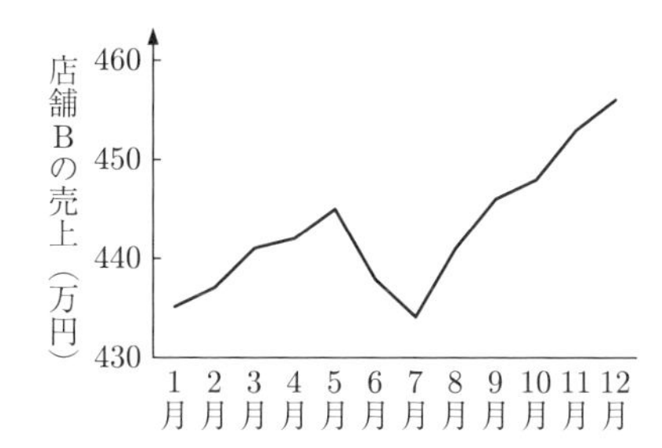


**図 2.31** 折れ線グラフの例 1

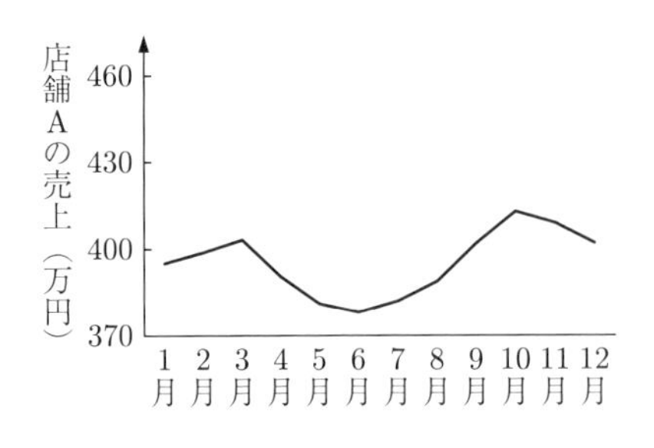


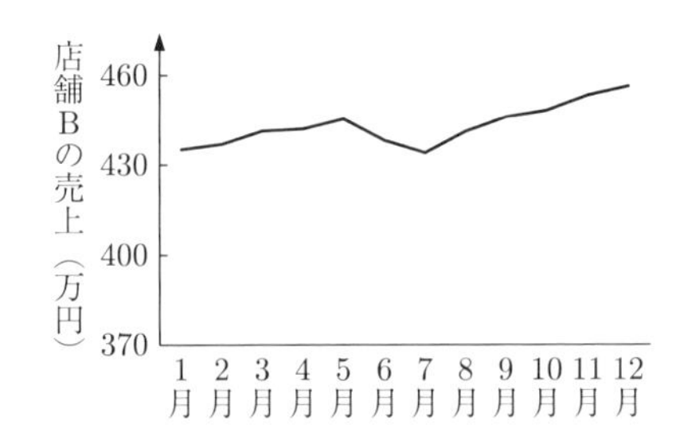


**図 2.32**　折れ線グラフの例 2

また，図 2.33 は，縦軸が全く同じデータについて折れ線グラフと棒グラフで表したものである．折れ線グラフの利点は，増加量，減少量が直線の傾きによって把握できることである．たとえば，10 月以降，毎月直線の傾きが小さくなっているので，増加量が少なくなっていることが把握できる．一方，棒グラフでは，比較したい対象が隣同士だけではないので，線でつなげることに意味はない．

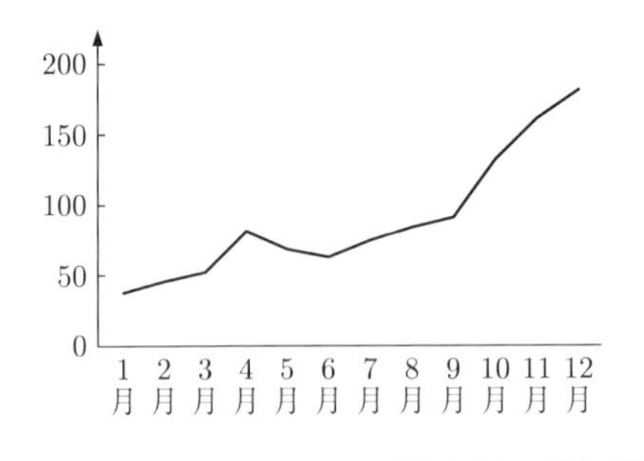


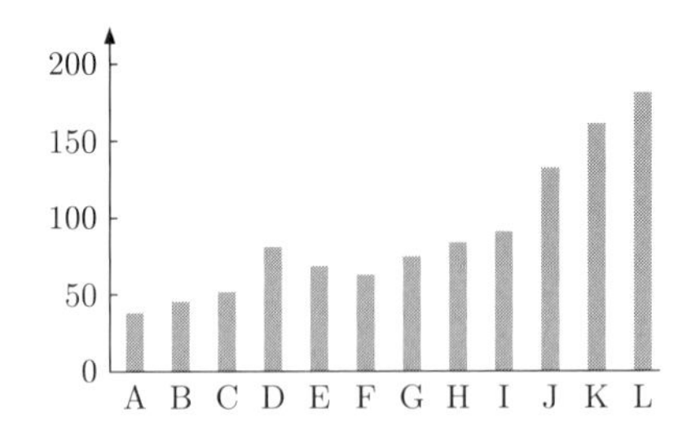


**図 2.33**　折れ線グラフと棒グラフ

円グラフは，各属性の割合を円の角度を用いて表したものである．図 2.34 の左図はある都市の年齢構成を表した円グラフである．あるデータに含まれる割合を把握するのであれば円グラフは適切であるが，2 つ以上のグループの割合を比較するには適切ではない．2 つの円を比較して，各割合についてどちらが大きいかを判断することは難しい．そのような場合は図 2.34 の右図のような帯グラフを用いるとよい．帯グラフであれば，長さが割合を示すので，グループ間で割合が比較しやすくなる．

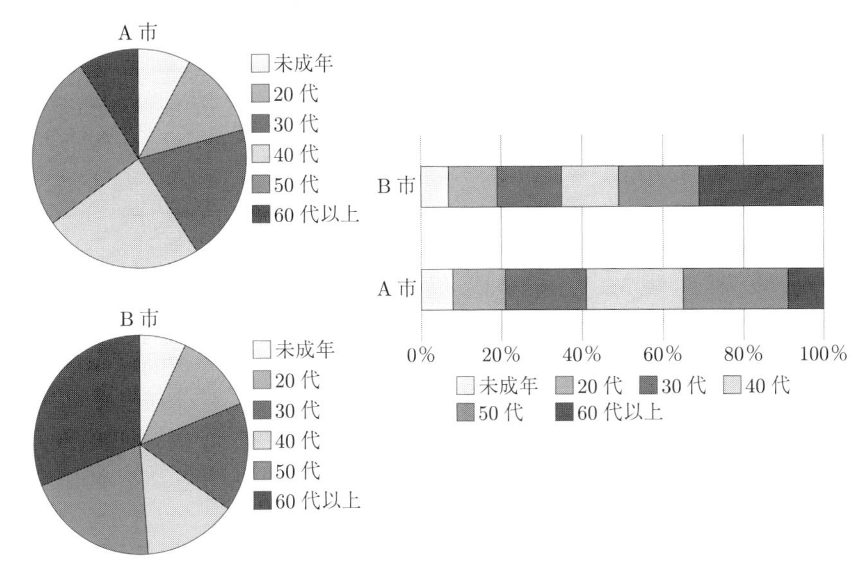


**図 2.34** 円グラフと帯グラフ

なお，円グラフや帯グラフでは，割合を表すことしかできない．割合と量を同時に把握するためには，積み上げ棒グラフ (図 2.35 の左図) や集合棒グラフ (図 2.35 の右図) を用いるとよい．

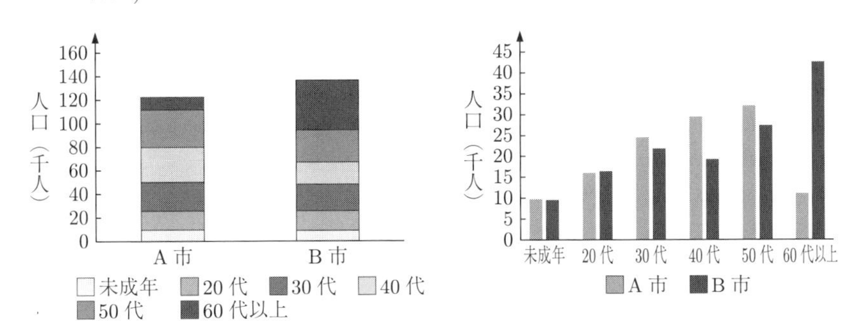


**図 2.35** 積み上げ棒グラフと集合棒グラフ

最後に，円グラフの代わりにしばしば用いられる 3D 円グラフについて説明する．3D 円グラフは円グラフを立体にしたものを斜めから見たものであるが，割合を視覚的に把握することができないため使うべきではない．たとえば，図 2.36 は売上高に占めるいくつかの商品の割合を 3D 円グラフと通常の円グラフで表している．この中で最も割合が大きいものは商品 B と商品 E で，ともに

22% である．次に割合が大きいものは商品 D と商品 F で，ともに 17% である．通常の円グラフであればこれらの割合をある程度把握できるが，3D 円グラフでこれらの割合を把握することは難しいだろう．割合の数値が併記されていない 3D 円グラフの使用は，錯覚を与えるだけで何もメリットはない．

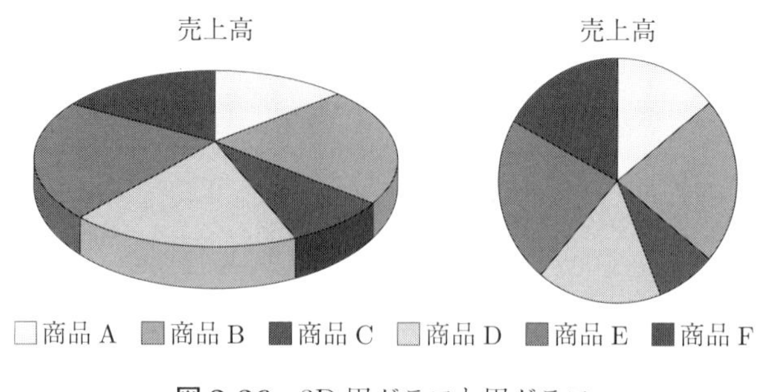


**図 2.36**　3D 円グラフと円グラフ

## 課題学習

***2.4-1***　所得が成績や学歴に影響を与えるかどうかを実験研究によって調べることができるかどうかについて検討せよ．

***2.4-2***　疑似相関に関する記述について，次の (a)〜(c) のうちから最も適切なものを 1 つ選べ．

(a) あるチェーンの飲食店について，ひと月あたりの売上と店舗面積の関係を調べたところ，強い負の相関が見られた (つまり，店舗面積が小さい店ほど，売上が高い傾向が見られた)．そこで，店舗周辺の人通りの数が第 3 の変数になっているのではないかと調べたところ，人通りの数とひと月あたりの売上の関係は強い正の相関があり，人通りの数と店舗面積の関係は強い負の相関があったので，ひと月あたりの売上と店舗面積の相関は疑似相関であるといえる．

(b) ある工場で製造している製品の重量に関連している工程を調べたところ，ある工程での設定値 A と製品の重量の相関がかなり強かった．しかし，現場からその工程が重量に関係するはずがないという意見があった．そこで別の工程が重量に関係していると考え，気温などの環境情報は一切調べず，別の工程に関するデータを取り，それらの工程の影響を除いた設定値 A と製品の重量の偏相関係数を調べたところ，もとの相関係数と大きな違いがなかったので，これは疑似相関でないといえる．

(c) あるスーパーで，1 日の売上と降水量の関係を調べたところ，正の相関があった．ここで，この相関は疑似相関ではないかと考え，傘の販売数との関係を調べたところ，傘の販売数と 1 日の売上の間には相関は見られなかったが，傘の販売数と降水量の間には強い相関が見られたので，傘の販売数が第 3 の変数であるといえる．

# 3 データサイエンスの手法

この章では，データサイエンスで用いられるいくつかの分析手法を紹介する．これらは実際のビジネスや研究でも用いられているものであり，多くのソフトウェアにも組み込まれており，簡単に利用することができる．

## 3.1 クロス集計

データを分析する際に，さまざまな属性に応じてデータを分類し，表の形にまとめるのが有効である場合が多い．そのように複数の属性に応じて表形式にまとめることを**クロス集計**という．

たとえば，インターネットで商品を販売する会社で「クーポンを配布して売上を増やそう」と考えたとする．クーポンの効果を分析するためには，顧客を「クーポンを配布した」，「クーポンを配布しなかった」という2つに分けて分析することが必要になる．

表3.1は，項目名欄と合計欄を除くと縦2行と横2列からできているので，**2×2のクロス集計表**という(**クロス表**，**分割表**ともいう)．そして，この表から，

**表3.1** クロス集計表①

| | 商品を買った | 商品を買わなかった | 合計 |
|---|---|---|---|
| クーポンを配布した | 20 | 80 | 100 |
| クーポンを配布しなかった | 30 | 170 | 200 |
| 合計 | 50 | 250 | 300 |

- クーポンを配布した100人のうち20人(20%)が商品を買った.
- 一方，クーポンを配布しなかった人200人のうち，商品を買ったのは30人(15%)にとどまった.

ということが読み取れ,「クーポンの配布は売上増につながったようだ」との推論ができる.

さらに細かく,「クーポン配布の効果は男女で差があるのか」ということを調べるには，表の縦をさらに細かく分けてみる必要がある．表3.2では分類項目が3つとなったので，$2 \times 2 \times 2$の3重クロス集計表という．また，性別でなく年齢階級(たとえば5つ)に分けると$2 \times 5 \times 2$のクロス集計表になる.

**表3.2**　クロス集計表②

| | | 商品を買った | 商品を買わなかった | 合計 |
|---|---|---|---|---|
| クーポンを配布した | 男性 | 12 | 38 | 50 |
| | 女性 | 8 | 42 | 50 |
| クーポンを配布しなかった | 男性 | 20 | 100 | 120 |
| | 女性 | 10 | 70 | 80 |
| | 合計 | 50 | 250 | 300 |

クロス集計表の項目を増やすとより細かい分析が可能となる．しかしその一方で，あまり細かくし過ぎると各項目に含まれるデータが少なくなって結果の信頼性が低くなるおそれもあり，どのような項目を選択するかは分析者のセンスが問われることになる.

## 3.2　回帰分析

すでに2.3節で回帰直線について扱ったが，各要因の影響を数値的に表すことができることから，データ分析において強力な武器である.

### 3.2.1　線形回帰

たとえば，スーパーマーケットの仕入れ担当者が，明日のためにアイスクリームを何個仕入れるかを決めなくてはならないとしよう．そのためには，明日アイスクリームが何個売れるかを予測しなくてはならない．アイスクリームの売上個数に影響を与える要因としてはいくつもあるが，「暑い日にはアイスクリームがたくさん売れるだろう」ということは容易に想像がつく．そこで，過去のデータから，日々のアイスクリームの売上個数と最高気温のデータを調べ，回帰分析を行う．たとえば回帰直線の式 (回帰式) が次のように得られたとする．

$$\hat{y} = 210.8 + 134.2x \tag{3.1}$$

ここで，$\hat{y}$ はアイスクリームの売上個数の予測値 (個)，$x$ は最高気温 (℃) である．この結果から「最高気温が 1 ℃ 上昇すると，アイスクリームの売上は 134.2 個増えるだろう」という予測ができ，明日の予想最高気温が 30 ℃ であれば式 (3.1) に $x = 30$ を代入して $\hat{y} = 4236.8$ という予測ができる．

さらに，最高気温だけでなく，価格を安くすれば多く売れる，平日より休日のほうが多く売れる，というような要因を追加することもできる．

価格については，式 (3.1) の右辺に変数として追加すればよい．「休日かどうか」は数値ではないので，そのままでは回帰式に入れることができないが，「休日のときは 1，平日のときは 0」という値をとる変数 $D$ を考えることによって，回帰式に含めることができる (このような変数を**ダミー変数**という)．このように，説明変数が 2 つ以上ある場合の回帰分析を**重回帰分析**というが，これについても変数が 1 つの場合 (**単回帰分析**とよぶ) と同様，最小二乗法により計算ソフトで簡単に求めることができる．たとえば，回帰式が次のように得られたとする．

$$\hat{y} = 195.4 + 118.1x - 5.8p + 30.4D \tag{3.2}$$

ここで，$p$ はアイスクリーム 1 個の価格 (円)，$D$ は休日のとき 1，平日のときは 0 となるダミー変数である．この結果から「アイスクリームの価格を 1 円上げると 5.8 個売上が下がる」，「休日は平日より 30.4 個売上が上がる」などの予測ができる．

### 3.2.2　結果の見方の例——平均寿命と喫煙

厚生労働省が発表した「都道府県別生命表 (平成 27 年)」では，男性の平均寿命において，滋賀県が長野県を抜いて全国一の長寿県となった．これにはさまざまな要因が指摘されているが，その中に「滋賀県の喫煙率の低さ」があげられる．喫煙が健康に悪影響を及ぼすことはいくつもの医学的研究で指摘されていることであるが，都道府県別のデータを使って，平均寿命と喫煙率との関係を見てみよう．

用いるデータは，「国民健康・栄養調査(平成24年)」(厚生労働省)の喫煙率(男性，20歳以上)と，「都道府県別生命表(平成27年)」(厚生労働省)の平均寿命(男性)である．これらはインターネットから簡単に入手できる．第2章でも紹介した散布図を描いて回帰分析を行ったのが図3.2である．

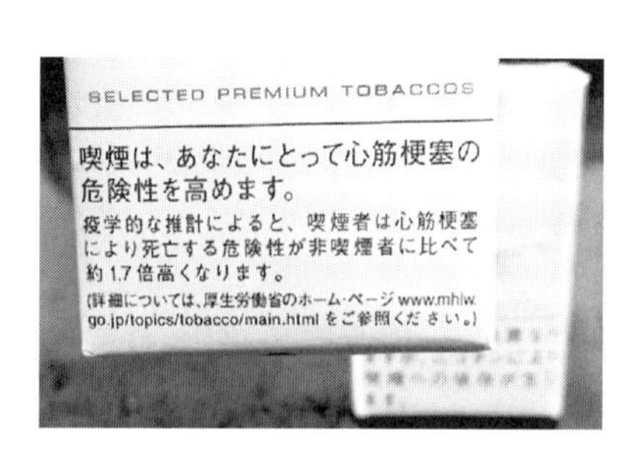


**図 3.1**　たばこ警告表示

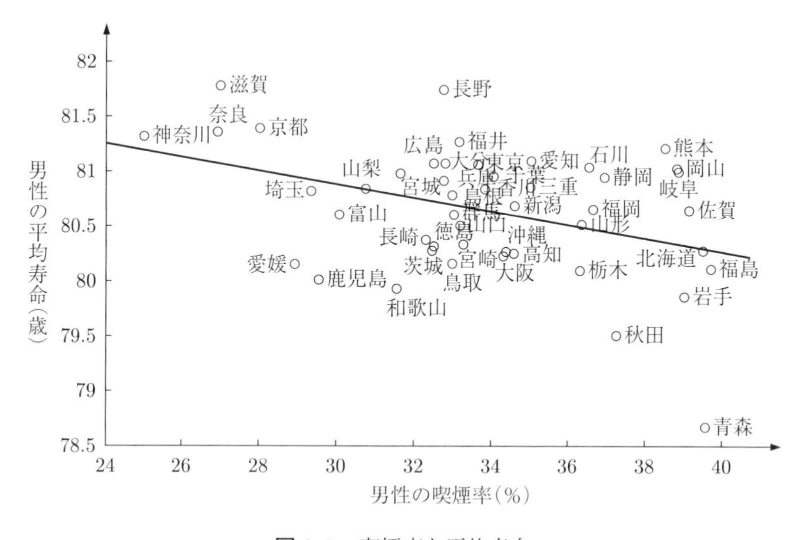


**図 3.2**　喫煙率と平均寿命

表計算ソフトExcelで回帰分析を行うと，図3.3のような結果が出力される．これを見ると，回帰式は，

$$
(\text{平均寿命の予測値}) = 82.7 - 0.06 \times (\text{喫煙率}) \tag{3.3}
$$

という式になることがわかる．

出力結果で，まず注目するのが，**決定係数**(「重決定R2」)のところである．これは回帰式がどの程度当てはまっているかの目安であり0から1の間の値をとる．この値が大きいほど，回帰式としては当てはまりがよいことになる．こ

| 回帰分析 | |
|---|---|
| 重相関 R | 0.386613 |
| 重決定 R2 | 0.14947 |
| 補正 R2 | 0.130569 |
| 標準誤差 | 0.537603 |
| 観測数 | 47 |

| | 係数 | 標準誤差 | t | P-値 |
|---|---|---|---|---|
| 切片 | 82.74262 | 0.747502 | 110.6921 | 1.78E−56 |
| X 値 1 | −0.06186 | 0.021997 | −2.81215 | 0.007266 |

**図 3.3**　回帰分析の結果

の例では決定係数は 0.149 なのでやや低い，すなわち喫煙率だけでは都道府県別の平均寿命の違いを十分にはモデル化できていないことを示唆している．ただし，時系列データのように一定の傾向 (トレンド) をもつ場合には決定係数は大きく 0.9 くらいになることもあるが，この例のように一時点での都道府県別データのような横断的なデータ (クロスセクションデータ) では決定係数はそれほど大きくなく，0.3〜0.4 程度であるのが一般的である．

次に見るのが「X 値 1」の「係数」のところで，約 −0.06 となっている．これは，$X$ (ここでは喫煙率 (%)) の係数が −0.06 であることを示しており，「喫煙率が 1% 上がると，傾向としては平均寿命が 0.06 歳下がる」ことを意味している．この係数が大きいほど，その変数が結果 (目的変数) に与える影響が大きいということになるが，変数の単位のとり方 (たとえば，パーセント (百分率) で見ているか，パーミル (千分率) で見ているか) でも結果は違ってくるので注意が必要である．

次に見るのが「X 値 1」の「t」または「P-値」のところである．それぞれ約 $-2.8, 0.007$ となっている．これは係数が 0 か否かの $t$ **検定**をした結果を表している．回帰係数に関する $t$ 検定について詳しくは専門書に譲るが，ここでの分析で最も重要なのは「喫煙率は平均寿命に負の影響を与えているといえるか」，つまり「回帰分析の係数が，本当に 0 でないといっていいのか」ということである．ここでの計算結果では，係数が −0.06 となったが，統計分析ではデータの誤差がつきものであるので，たまたま係数がマイナスになっただけかもしれない．そのような誤差を考慮して，この回帰係数を分析したところ，$t$-値とよばれるものは $-2.8$ となった．これを，$t$ 分布という確率分布の表と照らし合わせると「本来の係数は 0 であるのに今回たまたま 0 から 0.06 以上離れた確率は 0.007 です」というのが $P$-値が 0.007 であることの意味である．確率 0.007 (= 0.7 %) というのはめったに起こらないことなので，この場合は「喫煙率が平均寿命に与える影響は 0 でないと判断してもよかろう」ということになる．$P$-値がいくらであればよいかについては特に決まりはないが，経済学や社会学では $P$-値が 0.05 (= 5 %) 以下というのを一応の判断基準とすることが多い．

### 3.2.3　外れ値の影響

第 2 章でも説明したように，外れ値は相関係数や回帰分析の結果に大きな影響を及ぼす．そのため，実際の分析の際には，できるだけ散布図を描いて，外れ値がないかを確認すべきである．

外れ値があった場合はそれを分析の対象から除外することが多いが，本当に除いてよいかは十分に考える必要がある．たとえば，大きな地震のようなめったに起こらない現象を分析する際には，地震の発生はほとんどが外れ値となってしまうであろう．それらを全部除いてしまっては，分析の意味がなくなってしまう．外れ値かどうかを散布図などで確認したうえで，それを除くかどうかは，データの特性や分析目的を踏まえて，十分に検討するべきである．

### 3.2.4　逆回帰

先ほどの平均寿命の例では，喫煙率を説明変数，平均寿命を目的変数にしたが，どちらを説明変数にしてどちらを目的変数にするかはかなり重要な問題である．実際，どちらを説明変数にするかで，回帰分析の結果は異なってくるのである．

これは，回帰係数を求めるときの最小二乗法でどのような計算をしているかを考えればわかるであろう．図 3.4 のように，説明変数が $x$ (横軸) であれば，最小二乗法は縦方向の距離の 2 乗の和を最小化しているのだが，説明変数が $y$ (縦軸) であれば横方向の距離の 2 乗の和を最小化することになる．やっていることが違うのだから結果も当然異なることになる．

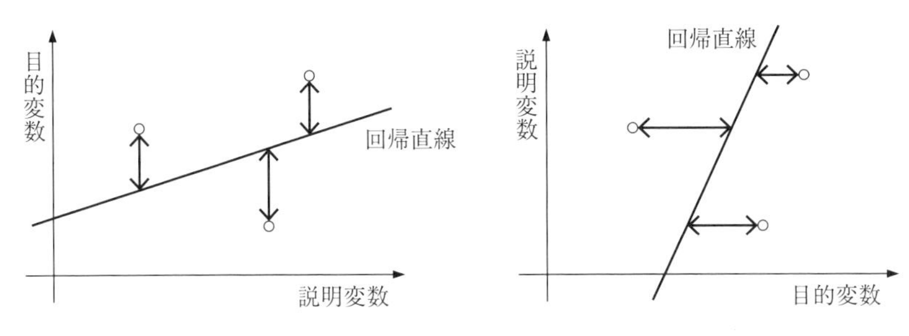


**図 3.4** 説明変数と目的変数を入れ替えると回帰直線も変わる

たとえば，$x$ を説明変数にして，

$$\hat{y} = 0.4 + 0.8x \tag{3.4}$$

という回帰式が得られたからといって，これを $x$ について解いて $x = -0.5+1.25\hat{y}$ となるから $y$ を説明変数にして回帰分析した結果が $\hat{x} = -0.5 + 1.25y$ となるとは限らない ($x$ と $y$ が完全に一直線上に載っている場合以外は，そうはならない) のである．

このことの最も有名な例は，回帰分析の語源ともなった，イギリスのフランシス・ゴルトン卿の研究であろう．彼は，親の身長と子供の身長との間に関連があるかを調査し，現在でいう回帰分析を行って親の身長を説明変数，子供の身長を目的変数として計算を行ったところ，係数はプラスであるが 1 より小さいことを見出した．彼はこのことを，親の身長が高いときにその子どもも身長が高い傾向にはあるものの親ほどは高くなく平均に近づいていくという意味で「平凡人への回帰」とよんだ．これが「回帰分析」の語源となったのであるが，このことは未来世代の子孫の身長が平均にどんどん近づいていくことを意味しているのではない．実際，このようなケースでは，逆に親の身長のほうを目的変数，子供の身長のほうを説明変数にして分析しても，係数はプラスで 1 より小さい (つまり親の身長のほうが平均に回帰していく) ということになる (= 親のほうが平凡人！) のが一般的である．

データ分析においては，分析の目的に合わせて説明変数と目的変数を選択することが必要である．

### 3.2.5　主成分分析による説明変数の合成

ビッグデータを分析していると,「データの項目数が多すぎて困る」ということがしばしば起こる．たとえば，マーケティング分析を行う際に，顧客がどの商品を買ったかというデータを見ていると,「A 社のバッグを買った」,「B 社の靴を買った」, ··· と項目が多すぎて処理に困ることがある．回帰分析を行う場合にも，説明変数の個数があまりにも多いと，それら変数相互の関係が出てきて厄介である．そのような場合には**主成分分析**とよばれる手法によって，似たような変数をまとめて新しい変数を作ることがある．なお，機械学習では，主成分分析や他の手法を用いて作ったデータの特徴を表す有用な変数を**特徴量**とよぶ．

例として，学校における試験の点数の分析を考えよう．試験科目には英語，数学，物理，化学，地理，··· とさまざまあるが，物理と化学の点数はかなり似通ったものになると思われる．そのような場合，図 3.5 のように，物理と化学の 1 次関数の方向に新たな軸を作れば，両方の特徴を捉えるような新しい変数 (たとえば「理科」と名付けよう) を作ることができる．このような手法を主成分分析という．

具体的な計算は線形代数の知識が必要になるのでここでは述べないが，ビッグデータ分析では，変数が多すぎる場合に，主成分分析によって変数を減らす (次元を下げる) ことが多い．

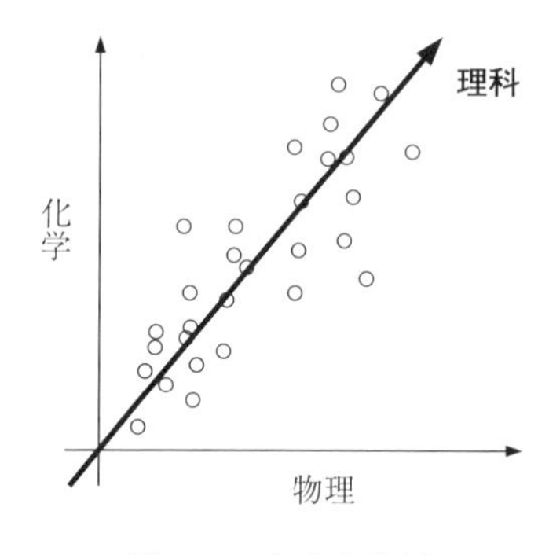


**図 3.5**　主成分分析

### 3.2.6　ロジスティック回帰分析

これまでの例では，回帰分析の目的変数 $Y$ は連続的な数値をとるものであった．しかし，実際のビジネスなどでは，連続的な数値だけでなく,「商品を買うか買わないか」や「ロケットの打ち上げが成功か失敗か」といった質的な変数についても要因を分析したいということがある．

その場合は，目的変数 $Y$ のとる値を，先ほどのダミー変数と同様，「商品を買った場合に 1，買わなかった場合に 0」のようにすれば回帰分析を行うことができる．ただし，その場合，第 2 章で述べたような直線を当てはめるとデータとのずれが大きくなることは見てとれるだろう．そのため，この場合は**ロジスティック曲線**とよばれる曲線を当てはめた回帰式

$$\hat{y} = \frac{1}{1 + \exp(-(a + bx))} \tag{3.5}$$

を考え，係数 $a, b$ の値を推計することが多い．ここで，$\exp(x) = e^x$ ($e$ はネイピア数で約 2.71828) は指数関数である．ロジスティック曲線を当てはめる回帰分析を**ロジスティック回帰分析**という[1)]．

なお，ロジスティック曲線は，後に紹介するニューラルネットワークでもよく用いられている．形がアルファベットの S に似ていることから，**シグモイド曲線**とよばれることもある．意味するところは同じであるしどちらの呼び名を使ってもよいが，ニューラルネットワークや AI (人工知能) の分野ではシグモイドとよぶことが多い．

ロジスティック回帰分析は，第 2 章で述べた最小二乗法ではなく，最尤法と

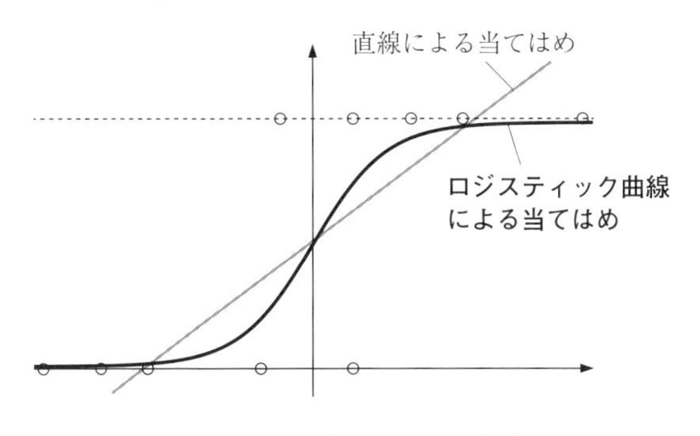


**図 3.6** ロジスティック曲線

1) 厳密には，ロジスティック回帰分析は，ロジスティック曲線が 0 から 1 の間の値をとることから，$\hat{y}$ を「$y = 1$ となる確率」とみなして，与えられたデータが起こる確率 (尤度（ゆうど）という) が最大になるように係数 $a, b$ の値を求める．

よばれる方法で計算する.

## 3.3 ベイズ推論

### 3.3.1 ベイズの定理

ベイズ推論は確率論における**ベイズの定理**に基づいて，観測されたデータから，原因を推測する方法である.

ある事象 $A$ が起こる確率を $P(A)$，事象 $B$ が起こった場合に事象 $A$ が起こる条件付き確率を $P(A|B)$ で表す．定義より

$$P(A|B) = \frac{P(A \cap B)}{P(B)} \tag{3.6}$$

である．ここで，$P(A \cap B)$ は事象 $A, B$ がともに起こる確率である.

ベイズの定理とは, 全事象が互いに交わりをもたない $n$ 個の事象 $A_1, A_2, \ldots, A_n$ に分けられているとき，ある事象 $B$ が起こったときの条件付き確率 $P(A_1|B)$ は

$$P(A_1|B) = \frac{P(B|A_1) \times P(A_1)}{P(B|A_1) \times P(A_1) + P(B|A_2) \times P(A_2) + \cdots + P(B|A_n) \times P(A_n)} \tag{3.7}$$

となる，というものである.

これは，図 3.7 を見るとわかりやすいであろう．確率を面積で表すと，条件付き確率は面積比となるから，条件付き確率 $P(A_1|B)$ というのは，図 3.7 でいうと

$$\frac{(A_1 \text{と} B \text{の共通部分の面積})}{(B \text{全体の面積})} \tag{3.8}$$

であり，$A_1$ と $B$ の共通部分がベイズの定理の分子，$B$ 全体はタテの点線に沿って切ったものを足し合わせたものでそれが分母になっている，ということである.「定理」とついているが，条件付き確率の定義からすぐに導かれる自明な式であ

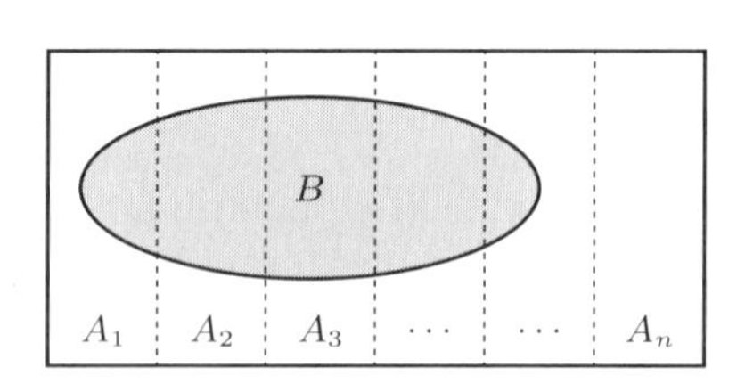


**図 3.7**　ベイズの定理

ることがわかるだろう．ベイズ推論では，$P(A_1)$ を $A_1$ の事前確率，$P(A_1|B)$ を事象 $B$ が起きたあとの $A_1$ の事後確率として用いる．

### 3.3.2 ベイズ推論の応用例——迷惑メールの検出

ベイズ推論の応用例としては，電子メールにおける迷惑メール (スパムメール) の検出がある．われわれは毎日，大量の電子メールを受け取るが，そのうちの多くは，怪しげなセールスといった，いわゆる迷惑メールである．迷惑メールとそうでないメールとを自動的に判別できないものであろうか．ここで登場するのがベイズ推論である．

図 3.8 迷惑メール

迷惑メールには，「無料ご招待」や「当選」のような，読む人を惹きつけるいくつかの特徴的な言葉が用いられることが多い．もちろん，迷惑メールでない普通のメールにおいてもこれらの言葉が使われることもあるが，可能性としては，迷惑メールで使われることのほうが多いであろう．メールに含まれる単語をもとに，迷惑メールかどうかを確率的に判断することを考えよう．

ベイズ推論を行うためには，「事前確率」および「条件付き確率」が必要である．迷惑メール判断のような場合は事前確率に過去のデータを使うことができる．たとえば，表 3.3 のようなデータから，「無料ご招待」および「当選」という両方の言葉を含むメールが迷惑メールである確率を計算してみよう．

表 3.3 ベイズ推論

| | 「無料ご招待」 | 「当選」 | 迷惑メールかどうか |
|---|---|---|---|
| 1 | – | ○ | 迷惑メール |
| 2 | ○ | – | 迷惑メール |
| 3 | – | ○ | 迷惑メール |
| 4 | – | – | 普通のメール |
| 5 | ○ | – | 普通のメール |
| 6 | – | ○ | 普通のメール |
| 7 | – | – | 普通のメール |
| 8 | – | – | 普通のメール |
| 9 | – | – | 普通のメール |
| 10 | – | – | 普通のメール |

迷惑メールである確率を $P$(迷惑メール),「無料」という言葉を含むメールが迷惑メールである条件付き確率を $P$(迷惑メール |「無料」) などで表すこととする.

10 通のうち 3 通が迷惑メール, 7 通が普通のメールなので, 事前確率は, $P$(迷惑メール) $= 0.3$, $P$(迷惑メールでない) $= 0.7$ としてよいだろう. あとは, $P$(「無料ご招待」∩「当選」| 迷惑メール) などの条件付き確率が必要であり, そうやって計算してもよいのだが, 判定に用いる単語の数が増えれば (たとえば $n$ 個), それぞれの単語が含まれるか含まれないかの組み合わせは $2^n$ 通りとなって, 計算が大変である. また, 表 3.3 のように,「無料ご招待」と「当選」の両方を含むデータが存在しないこともありうる. そのため, 実務上よく用いられる「単純ベイズモデル (ナイーブベイズモデル)」とよばれるものでは, “迷惑メールに対し,「無料ご招待」という言葉が使われるかどうかと「当選」という言葉が使われるかどうかなどは独立”, すなわち

$$P(\text{「無料ご招待」}\cap\text{「当選」}\mid\text{迷惑メール})$$
$$= P(\text{「無料ご招待」}\mid\text{迷惑メール})\times P(\text{「当選」}\mid\text{迷惑メール}) \tag{3.9}$$

と仮定する. そうすれば, 条件付き確率としては $n$ 通りの値を準備しておけばよいので計算が少なくて済む. 普通のメールについても同様に仮定する.

この仮定の下で, 条件付き確率を計算すると,

$$P(\text{「無料ご招待」}\cap\text{「当選」}\mid\text{迷惑メール})$$
$$= P(\text{「無料ご招待」}\mid\text{迷惑メール})\times P(\text{「当選」}\mid\text{迷惑メール})$$
$$= \frac{1}{3}\times\frac{2}{3} = \frac{2}{9} \tag{3.10}$$

$$P(\text{「無料ご招待」}\cap\text{「当選」}\mid\text{普通のメール})$$
$$= P(\text{「無料ご招待」}\mid\text{普通のメール})\times P(\text{「当選」}\mid\text{普通のメール})$$
$$= \frac{1}{7}\times\frac{1}{7} = \frac{1}{49} \tag{3.11}$$

となり, ベイズの定理より,

$$P(\text{迷惑メール}\mid\text{「無料ご招待」}\cap\text{「当選」}) = \frac{\frac{2}{9}\times\frac{3}{10}}{\frac{2}{9}\times\frac{3}{10}+\frac{1}{49}\times\frac{7}{10}}$$
$$= \frac{14}{17} = 0.82\cdots \tag{3.12}$$

と計算される．この結果から，何も情報がない状況では迷惑メールである確率は30％であったのに，「無料ご招待」と「当選」という言葉を含んでいるという情報を得ることによって，迷惑メールである確率は82％に改められた，ということになる．

ベイズ推論は，上記のようなもの以外にもさまざまな分野で応用されており，たとえば以下のような分野への応用が可能である．

- B君は，熱が39度あって，筋肉痛もあるが，咳はない．この場合，B君はインフルエンザであるか
- 容疑者Cは，犯行現場に残された血痕と血液型は一致しており，履いている靴のメーカーも現場に残された足跡と一致している．この場合，容疑者Cは犯人であるか

## 3.4 アソシエーション分析

**アソシエーション分析**は，「おむつを買う人は，同時にビールを買う確率が高い」という分析で有名になった手法であり，マーケティングの分野では「どの商品が一緒の買い物かごに入っているか」という意味でマーケットバスケット分析とよばれることもある．単純ではあるが，大量のデータから，どの2つの事柄が同時に起こる可能性が高いかを発見することに使える，汎用性の高い手法である．

**図3.9**　スーパーマーケット

まず，「おむつを買う人は，同時にビールを買う確率が高いのか」が数学的にはどのように表されるのかを考えよう．このことは，確率の言葉に言い換えると，「ある人が，おむつを買ったという条件の下で，ビールも買う確率」という条件付き確率を求めることになる．

おむつを買う確率を $P(\text{おむつ})$ で表すことにすると，条件付き確率は，

$$P(\text{ビール} \mid \text{おむつ}) = \frac{P(\text{ビール} \cap \text{おむつ})}{P(\text{おむつ})} \tag{3.13}$$

である．一方，これと比較するのは，「ある人が，おむつを買ったかどうかに関

係なく (条件なしで) ビールを買う確率」であり，これは $P$(ビール) と表される．「おむつを買う人は，一般の人と比べて，同時にビールを買う確率が高い」ということは，$P$(ビール | おむつ) が $P$(ビール) より大きいということだから，これは，比 $\dfrac{P(\text{ビール} \mid \text{おむつ})}{P(\text{ビール})}$ が1より大きいかを見ればよい．

条件付き確率の定義より，

$$\frac{P(\text{ビール} \mid \text{おむつ})}{P(\text{ビール})} = \frac{P(\text{ビール} \cap \text{おむつ})}{P(\text{おむつ}) \times P(\text{ビール})} \tag{3.14}$$

となる．これを**リフト値**といい，リフト値が1より大きければ「おむつを買う人は，同時にビールを買う確率が高い」ということになる．この場合，お店としては，おむつの横にビールを陳列しておけば，売上アップが期待できるであろう．このようにして，リフト値を計算して「ある2つの事柄が同時に起きる可能性が高いか」を分析する手法を**アソシエーション分析**という．

なお，実際のビジネスでは，リフト値が1より大きいからといって，それだけで商品を並べておくということにはならない．おむつを買った人がビールも一緒に買う確率がもともと0.1％くらいであれば，それが通常の人がビールを買う確率の2倍だからといってわざわざ商品陳列を変えたりはしないであろう．また，そもそもビールとおむつを一緒に買う人が1年間に1人か2人しかいなければ，やはりそのために商品陳列を変えたりはしないであろう．そのため，リフト値が1より大きいかどうかだけでなく，

$$\text{支持度} = P(\text{おむつ} \cap \text{ビール}) \tag{3.15}$$

$$\text{信頼度}(\text{おむつ} \to \text{ビール}) = P(\text{ビール} \mid \text{おむつ}) = \frac{P(\text{ビール} \cap \text{おむつ})}{P(\text{おむつ})} \tag{3.16}$$

といった指標も使う．支持度は2つの商品を同時に買った人の割合を表し，信頼度は一方の商品を買った人のうちもう一方も買った人の割合を表す．そこで，「支持度や信頼度が (たとえば) 0.1以上のものの中から，リフト値が1を超えるものを選ぶ」という形で，ビジネスに意味があるものを選ぶこととなる．なお，式 (3.14)～(3.16) からわかるように，リフト値と支持度はおむつとビールの順序を入れ替えても同じ値になるが，信頼度は「おむつ → ビール」と「ビール →

おむつ」で異なる値となるので，順番が重要である．

$P$(おむつ) や $P$(ビール ∩ おむつ) は，たとえばスーパーマーケットの POS データを使って，

$$P(\text{おむつ}) = \frac{\text{おむつを買った客の数}}{\text{すべての客の数}} \tag{3.17}$$

$$P(\text{ビール} \cap \text{おむつ}) = \frac{\text{ビールとおむつの両方を買った客の数}}{\text{すべての客の数}} \tag{3.18}$$

として求められる．

スーパーマーケットで扱う商品の種類は非常にたくさんあるので，その中からビジネス的に意味のある商品の組み合わせを見つけ出すのは手作業ではたいへんな作業である．アソシエーション分析で用いられるリフト値や支持度，信頼度などの指標は掛け算，割り算だけで計算できるので，コンピュータを使って多数の商品の組み合わせに対するこれら指標を計算し，意味のある組み合わせを見つけ出すときに，計算時間が短くて済む．この計算の簡便さもアソシエーション分析の有用性の 1 つである．

アソシエーション分析は，スーパーマーケットの商品分析だけでなく，アンケートのテキスト分析 (「満足」という言葉と同時に現れる確率が高い単語の抽出) など，幅広い分野で使うことができる．

## 3.5 クラスタリング

### 3.5.1 距離とクラスタリング

ビッグデータを扱うビジネスでは，対象の数は一般に極めて多数になる．たとえば，インターネットショッピングでは顧客の人数が数百万人になることも珍しくない．そのような多数の顧客は好みも千差万別であろうから，全員に同じキャンペーンメールを一斉送信することは効率が悪いであろう．そうすると，顧客をいくつかの属性 (年齢，年収，家族構成，買ったものなど) を使って互いに似通った人同士にグループ分けし，それぞれのグループに対して最適なキャンペーンメールを送ればよいということになる．この，「いくつかの属性を使って，互いに似通った人同士でグループ分けする」というのが**クラスタリング**とよばれる手法である．マーケティングでは，グループをセグメントということ

もある.

クラスタリングを行うには，まず，どのような属性を使ってグループ化するかを決めなくてはならない．ネットショッピングであれば，顧客の年収やこれまで何をいくら買ったかという情報が重要であろう．子供向けおもちゃの通販サイトであれば子供がいるかといった家族構成も重要であろう．このように，どのような属性を使ってクラスタリングを行うかは，分析者が分析の目的を踏まえて決定する必要がある.

次に,「似通っているかどうか」を数学的に表す必要がある．これは，数学的には「距離」というものを定義して,

$$\text{似通っている} \iff \text{「距離」が近い}$$

と判断すればよい.「距離」というのは,「滋賀県と京都府は近い」のような物理的距離だけでなく,「A さんと B さんは年収の金額が近い」のようなものも考えることができる．この場合は,

$$\text{A さんと B さんの年収の「距離」} = |(\text{A さんの年収}) - (\text{B さんの年収})| \quad (3.19)$$

とすればよい ($|\ |$ は絶対値).

さらに，年収だけでなく，年齢のような他の属性も一緒に考えた場合の「距離」はどうなるであろうか．図 3.10 には,「年収」と「年齢」の 2 つの属性を使ってクラスタリングをする例をあげているが，この図における A さんと B さんの距離は，三平方の定理を使って,

$$\sqrt{(\text{A さんの年収} - \text{B さんの年収})^2 + (\text{A さんの年齢} - \text{B さんの年齢})^2} \quad (3.20)$$

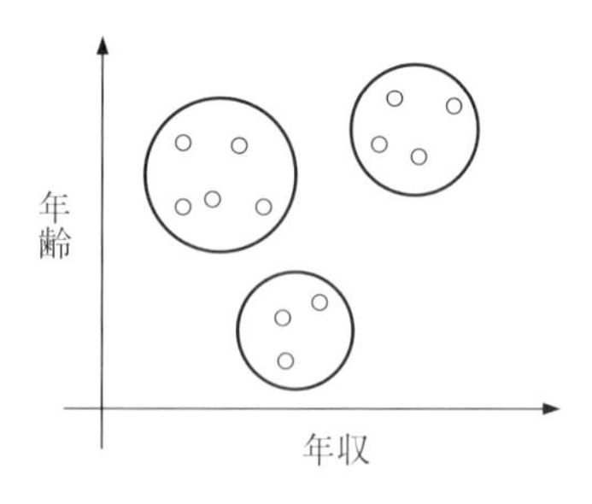


**図 3.10**　クラスタリング

と計算できる．2つの軸の単位が異なるが，ここでは抽象的な「距離」と考えることにする．さらに属性の種類が増えて3次元，4次元，… となった場合でも，

$$[(\text{A さんの年収} - \text{B さんの年収})^2 + (\text{A さんの年齢} - \text{B さんの年齢})^2 + (\text{A さんの家族の人数} - \text{B さんの家族の人数})^2 + (\text{A さんの旅行支出} - \text{B さんの旅行支出})^2 + \cdots]^{\frac{1}{2}} \quad (3.21)$$

という計算で，距離を求めることができる．

### 3.5.2 階層クラスタリング

このようにして似通っている度合い＝「距離」を決めて，次に，どうやってグループを作っていくかを考えよう．まず思いつくのは，距離が一番近い2つの点を選んできてそれをくっつけ，次にまた距離が近いものをくっつけ，… ということを繰り返していくことである．つまり，

① まず，A さん，B さん，C さん，D さん，E さん，… の中から距離が一番近いものを選んでくっつけ (たとえば B さんと D さんであったとして)

② 次に，A さん，{B さんと D さん}，C さん，E さん，… の中から距離が一番近いものを選んでくっつけ[2)]，

③ 次に，…(繰り返し)

ということを行うのである．

すると，図3.11のようにトーナメント表のようなものができる．これにより，全体をたとえば3つのグループ (クラスター) に分けたければ，上から2段目までを見て，A と {B, D} と {C, E} というグループだということになる．

このように，下から積み上げていってクラスタリングを行うものを**階層クラスタリング**という．

階層クラスタリングは直観的にも意味がわかりやすいが，計算量が膨大に

---

2) 「A と {B, D} の距離」をどう計算すればよいかは必ずしも明らかではない．実は，このような距離は，いくつかの考え方があり，

- 「A と B の距離」と「A と D の距離」の短い方をとる方法
- 「A と B の距離」と「A と D の距離」の長い方をとる方法
- 「A と {B と D の真ん中の点} との距離」をとる方法

などがある．そして，どの方法をとるかによって結果も異なるものになるが，本書の程度を超えるものであるのでここでは省略する．

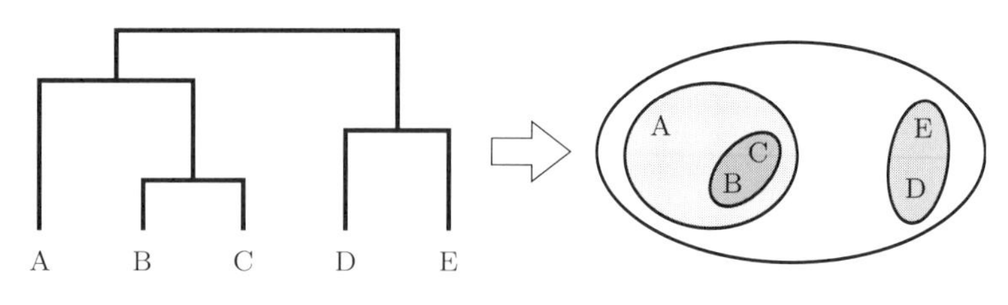


**図 3.11**　階層クラスタリング

なるという欠点がある．たとえば，1万人の人をクラスタリングしようとすると，最初に一番距離が近い2人を選ぶのに，1万人から2人を選ぶ組み合わせ $_{10000}C_2 = 49{,}995{,}000$ 回の計算を行ってそれらの大小を比較し，次に $_{9999}C_2 = 49{,}985{,}001$ 回の計算を行ってそれらの大小を比較し，$\cdots$ ということを延々と行う必要がある．そして，実際に使うのは，せいぜい最後の数段のところだけということになる．ビッグデータを扱う場合，計算量が膨大であるということは大きな欠点である．

### 3.5.3　非階層クラスタリング：*k*-means 法

階層クラスタリングの欠点を克服するために考えられたのが，**非階層クラスタリング**とよばれる手法である．ここでは，非階層クラスタリングの中で代表的な手法である ***k*-means 法**を紹介しよう．

*k*-means 法では，まず，全体をいくつのグループ (クラスター) に分けるかを決める．そして，たとえば $k = 5$ 個のクラスターに分けるとした場合，対象を適当に (!) 5つのグループに分けてみるのである．すると，当然のことながら，それらは最も距離が近いもの同士になっているとは限らない．そこで，5つのグループそれぞれについてその中心点を求め，各点がどの中心点に最も近いかを計算して最も近いグループに分類し直すのである．こうすると，それぞれの点が各グループの中心点のうち最も近いところに分類できるように思うかもしれないが，残念ながら，ここで用いた各グループの中心点は最初のグループ分けのときの点から求められたものなので，分類し直しのために中心点は最初のものからずれてしまう．そのため，また新しいグループ分けに対して各グループの中心点を求め，それぞれの中心点に最も近い点を集めて分類し直し，$\cdots$ ということを何度も繰り返すのである．このような計算を分類し直しがなくなるま

で(収束するまで)行う．計算が大変だと思うかもしれないが，実際は階層クラスタリングよりもはるかに速く，最終的な答えにたどり着くことができる．

クラスタリングは，対象をいくつかのグループ(クラスター)に分類してくれるが，それぞれのクラスターがどのような性格をもっているかは分析者が解釈を行う必要がある．たとえば，「このクラスターは，年収が高く旅行支出も多い．では，これらの人に，旅行商品を勧めるメールを送ってみよう」といったことは，分析者が別途考える必要がある．また，$k$-means 法のような非階層クラスタリングでは，いくつのクラスターを作るかといった条件設定や，最初の(適当な)グループ分けにより結果が異なったものになる場合があることには注意が必要である．しかし，そのような欠点はあるものの，全体的な傾向をつかむという意味では強力な手法であり，実際のビジネスでは数多く用いられている．

## 3.6 決定木

### 3.6.1 決定木の例

読者はタイタニック号の悲劇について知っているであろう．豪華客船タイタニック号が処女航海において北大西洋で氷山に衝突し多くの犠牲者を出した痛ましい事故である．

**図 3.12** タイタニック号沈没
(ウィリー・ストーワー，1912)

タイタニック号の遭難では，

- 女性のほうが男性より生き残りやすかった
- 1 等船室の客員のほうが，2 等や 3 等の客員より生き残りやすかった

などのことがいわれている．これらのことをデータで検証するためには，すでに紹介したクロス集計表によるのが最も基本的な手法である．

ただ，上記のように，性別や客室の等級のような複数の要因があるときに，そのうちのどれが大きな影響を及ぼしたのかを分析する手法はないだろうか．ここで紹介する**決定木分析**は，そのような複数の要因を整理してビジュアル的に示してくれる手法である．

数学的にどのような計算をしているかは後回しにして，まず，決定木がどのようなものか，図3.13で見てみよう．

タイタニック号には乗客，乗員合わせて2201人が乗っており，そのうち生き残ったのは711人，死亡したのは1490人であった．乗っていた人たちは，性別や年齢，船室の等級などの項目によって分類できるが，それらの項目のうちのどれがその人の生存・死亡と大きく関係していたかを分析したのが図3.13である[3]．

これを見ると，生存・死亡と最も関連が深かったのがその人の性別であることがわかる．「性別」の枝分かれを左下にたどっていくと，女性であれば470人のうち344人が生き残って126人が死亡したことがわかり（生存率73％），一方，枝分かれを右下にたどっていくと男性であれば1731人のうち367人が生き残って1364人が死亡しており（生存率21％），性別が生死の大きな分かれ目であったことが見てとれる．次に，女性についてどのような項目が生死に関連が深かったかを見ると，それは等級であって，3等船客以外（1等，2等および乗

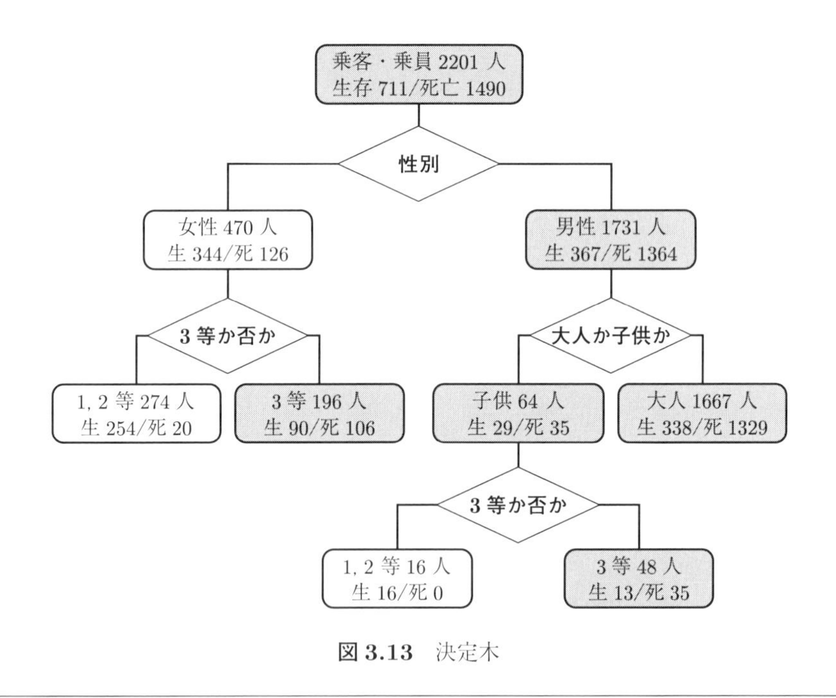


**図3.13**　決定木

[3] タイタニック号の犠牲者数については諸説あるが，ここでは，統計ソフトRのデータセットに含まれているものを使用した．

員) であれば 274 人のうち 254 人が生き残ったが 3 等船客だと 196 人中 90 人しか生き残らなかったということが見てとれる．図では生存率が 50％ 以上のところを白，50％ 未満のところをグレーで示した．

### 3.6.2 決定木の作り方

図 3.13 がどのようにして描かれたのか，数学的背景を説明しよう．図にあるような分かれ目のことをノードとよぶ．どのようなノードが「良い」ノードといえるだろうか．

$m+n$ 人の人を，ある基準 (性別とか年齢とか) で分けたときに，左側に分類された人々の生存確率が $p_1$，右側に分類された人々の生存確率が $p_2$ となったとしよう (図 3.14)．よいノードというのは，分類が完全であること，つまり左側に分類された人は全員生き残り ($p_1 = 1$)，右側に分類された人は全員亡くなる ($p_2 = 0$) というものであろう．ただし，実際にはそのように完全に分離できることはまれである．$p_1$ や $p_2$ が 0 や 1 に近いということを表す指標を考え，その指標の大小でノードの良し悪しを判断することになる．

そのような指標としてはいくつか考えられているが，その中でも計算が少なくて済むのが，ここで紹介するジニ指標である (ジニの不純度指標ともいう．不平等度の指標として用いられるジニ係数と同じイタリアの数学者 Gini が考えたもの)．

図 3.14 の左側の分枝を見ると，生存確率が $p_1$ であり，したがって死亡する確率は $1-p_1$ となる．ここで，ジニ指標を，次のように決める．

$$I_{\mathrm{G}}(p_1) = 1 - {p_1}^2 - (1-p_1)^2 = 2p_1(1-p_1) \tag{3.22}$$

これは $p_1 = 0$ と 1 のときに 0 となる，上に凸の 2 次関数となる (図 3.15)．これを見ると，$p_1$ が 0 か 1 に近いほど $I_{\mathrm{G}}$ が小さくなり，不純度が低い (= きれ

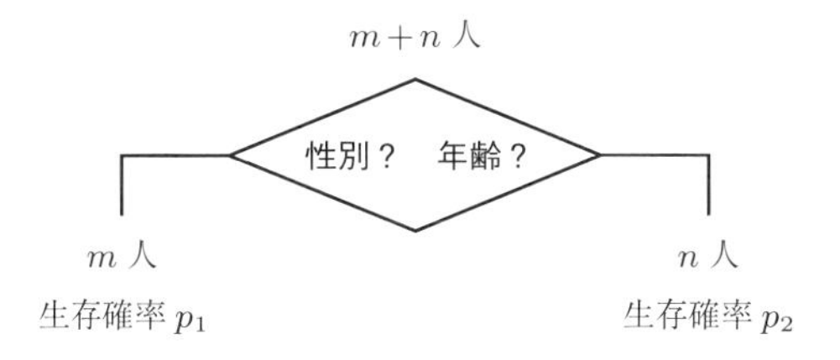


**図 3.14** 決定木のノード

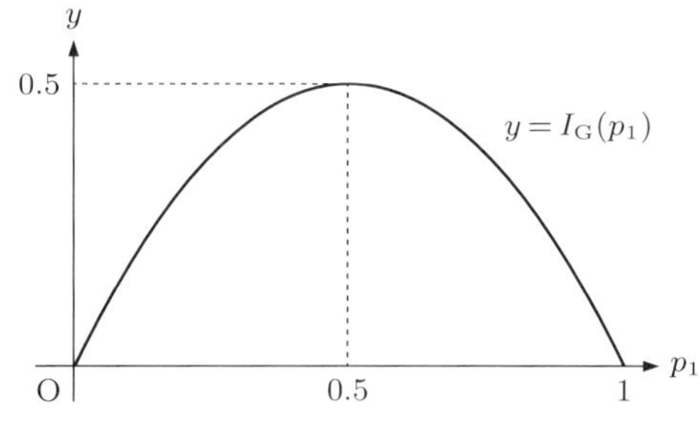


**図 3.15**　ジニ指標

いな分類) となることが見てとれる.

これでノードの左側のジニ指標が計算できたが, 右側も合わせたノード全体のジニ指標を, 左右の加重平均

$$I_G = \frac{m}{m+n} I_G(p_1) + \frac{n}{m+n} I_G(p_2) \tag{3.23}$$

と定義する.

「ノードを性別としたときのジニ指標」,「ノードを年齢としたときのジニ指標」,「ノードを客室の等級としたときのジニ指標」などを計算し, ジニ指標が最も小さくなるようなものをはじめのノードに選ぶ. 次に, それぞれの枝分かれに対し, 同様にジニ係数が最も小さくなるようなノードを選んでいく. このようにして図 3.13 の決定木が描かれている.

決定木分析は, 結果が視覚的でわかりやすいこと, 計算が簡単であることなどから, ビジネスの分野でも頻繁に用いられている. 応用分野は広く, たとえば「わが社の販売している飲料をよく買ってくださるお客様はどのような方か」を分析するのに, 年齢や性別, 住んでいる地域などによって決定木を描く, といった使い方がある.

## 3.7　ニューラルネットワーク

**ニューラルネットワーク**は, 動物の神経回路の働きをモデルにした情報処理のネットワークであるが, 近年, AI (人工知能) の基礎として, 広く用いられるようになっている.

### 3.7.1 ニューラルネットワークの考え方

動物の神経の一つひとつは，とても単純な働きをしていると考えられている．外部からの刺激 (光や熱や痛みといったもの) があると，その刺激が弱いものであれば特に何の反応も示さないが，刺激の強さがある限界点 (閾値とよばれる) を超えると出力信号を出し，ネットワークの次の細胞に引き継ぐ．その信号を受け取った神経はまた同様の働きをして，入力がある閾値 (さきほどの神経の閾値とは異なる) を超えると出力信号を出し，ということが積み重なって，複雑なネットワークを形成している．

図 3.16 の一つひとつの◎印をユニットとよぶ．ニューラルネットワークとはこのように多数のユニットが組み合わさってネットワークを形成したものである．そして，一番左側のユニットの集まりを入力層，一番右側を出力層，その間を中間層という．中間層が複数あるものは深層ニューラルネットワークとよばれ，これを使った機械学習が**深層学習 (ディープラーニング)** である．複数のユニットに対して出力を出すユニットもあるし，逆に複数のユニットから入力を受け取るユニットもある．

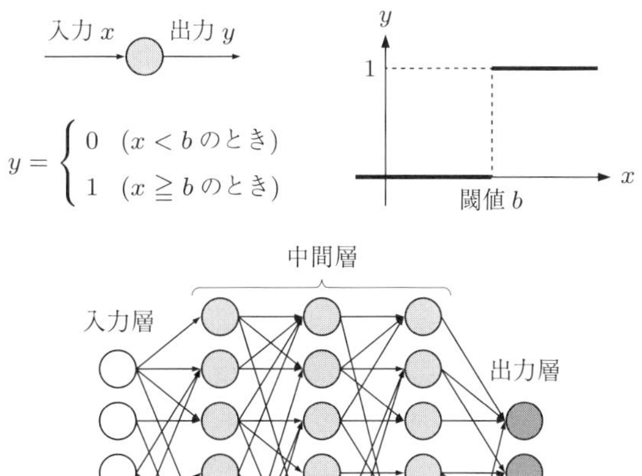


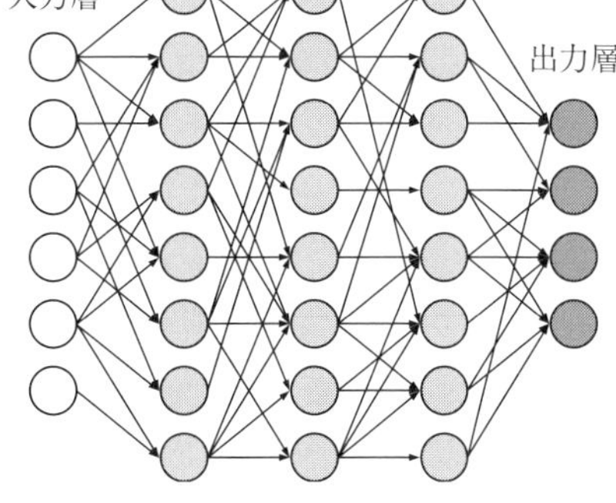


**図 3.16** ニューラルネットワーク

それでは，複数の入力があるユニットは，どのような働きをするのだろうか．ニューラルネットワークでは，複数の入力があった場合のユニットの働きを，次のようにモデル化している．

入力が $x_1, x_2, x_3, \ldots$ であったとき，それぞれの入力を公平に扱うことは必ずしもないであろう．1番目の入力は重要だからウェイトを高く評価するということもあるだろうし，中には他の入力とは逆方向 (マイナスの方向) に働くものもあるだろう．それらをまとめて簡単に1次関数で表すこととすれば，

$$w_1x_1 + w_2x_2 + w_3x_3 + \cdots \tag{3.24}$$

という入力があって，これが閾値 $b$ より小さければ0，$b$ 以上であれば1を出力するというモデル化ができる．

このように，一つひとつのユニットの働きは単純なものであるが，それらを多数組み合わせてネットワーク化することにより，きわめて複雑な計算も行うことができる．

### 3.7.2　簡単なニューラルネットワークの例

たとえば，図3.17のような1層のみの簡単なネットワークを考えてみよう．

$n$ 個のユニットがあって，すべて同じ入力 $x$ を受け取る．1番目のユニットは出力 $y_1$，2番目のユニットは出力 $y_2$，$\cdots$，$n$ 番目のユニットは出力 $y_n$ を出力するが，各ユニットの閾値が異なるから，$y_1, y_2, \ldots, y_n$ は異なるものになる．そして，これらにウェイトが掛け算されて，

$$w_1y_1 + w_2y_2 + \cdots + w_ny_n \tag{3.25}$$

という形になる．$y_1, y_2, \ldots, y_n$ は簡単な形をしていて，

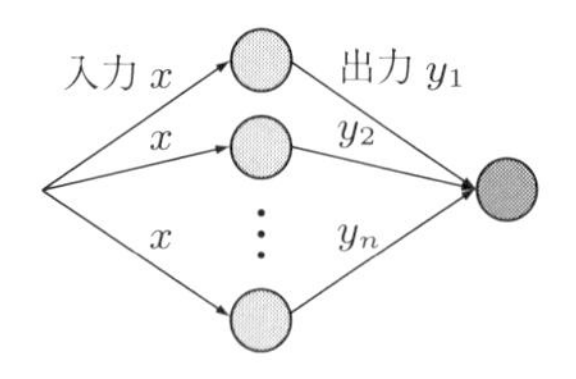


**図3.17**　簡単なニューラルネットワーク

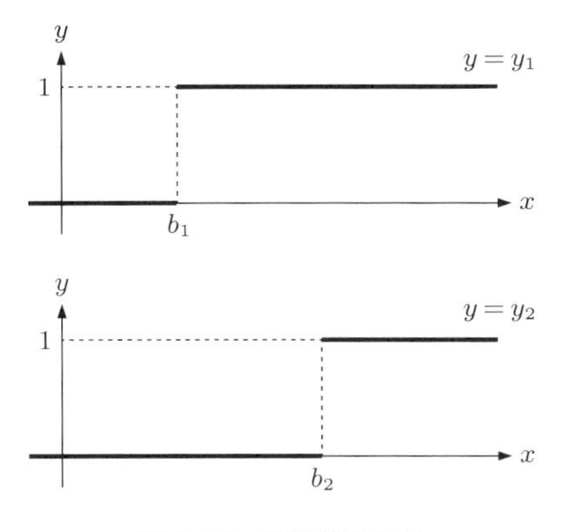


**図 3.18**　階段状グラフ

という階段状のグラフであるが，この 2 つから $w_1y_1 + w_2y_2$ という変数をつくると，そのグラフは，

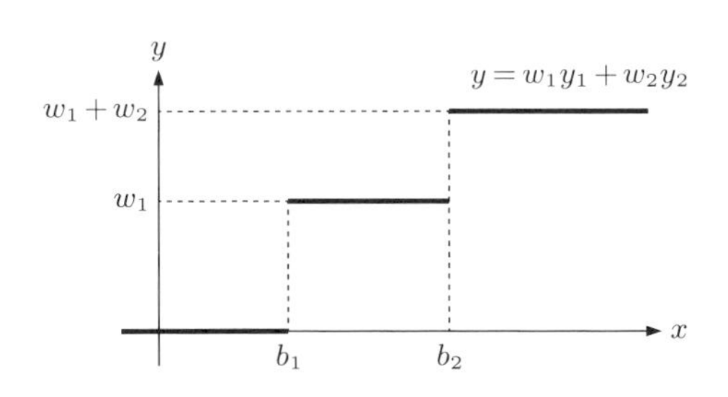


**図 3.19**　階段状グラフの合成

と，2 段の階段関数ができる．

ユニットの個数をどんどん増やしていくと，階段の数もどんどん多くなっていき，図 3.20 のような複雑な形もできるようになる．階段の幅や高さも自由に変えられるし，ウェイトはマイナスでもよかったから登り階段だけでなく下り階段もできる．階段の幅をどんどん細かくしていくことによって，たとえば 2 次関数や 3 次関数，さらには三角関数のような複雑な形をしたものまでも近似することが可能である．

このようにニューラルネットワークは，任意の曲線を近似できる．これによって，回帰分析と同様に，目的変数と説明変数のデータからその間の関係を見出し

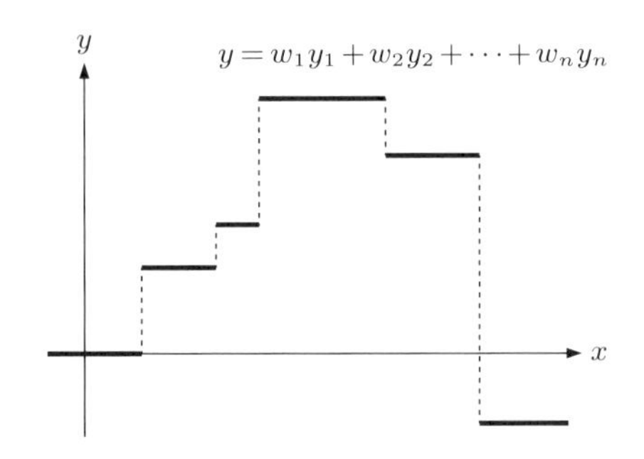


**図 3.20**　階段関数による近似

予測できる．それどころか，通常の回帰分析よりもはるかに複雑な関係の予測ができる．たとえば，回帰分析のところで取り上げたように気温と曜日からアイスクリームの売上を予測する，ということに用いられる．回帰分析では回帰式がどのような形をしているか (1 次式か 2 次式かなど) を自分で決める必要があったが，ニューラルネットワークでは階層の数を増やせばどんな複雑な関数も近似できる上にどのような関数が当てはまりがよいかを自動的に計算してくれる．その反面，目的変数と説明変数との間の関係式が明示的に示されるわけではないので「結果はわかったがなぜそうなるのかは説明困難」というブラックボックスとなる危険性もある．

なお，ここでは，各ユニットの出力が階段関数であるものについて説明したが，最近では別の形の関数を使うことも多い．次節で述べる機械学習では，ニューラルネットワークを用いて利益を最大化するとか損失 (間違いの数や予測誤差など) を最小化するといった計算を行うが，数学的には，微分を使って最大，最小を求めることになる．実際に関数の微分を計算しなくても，たとえば最適な閾値 $b$ の値を求めるのに，コンピュータで，$b$ の値を少しずつ変えながら最終的な出力がどうなるかを見て，利益を最大にする，もしくは誤差を最小にする $b$ の値を求めることもある．この場合，階段関数を使っていると，階段関数は微分ができないし，コンピュータシミュレーションでも $b$ の値を少し変えるだけで出力がいきなり不連続的にジャンプするので扱いづらい．そのため，階段関数と形が似ているが微分可能な関数として，3.2 節のロジスティック回帰分析の項

目で紹介した，ロジスティック関数 (シグモイド関数)

$$y = \frac{1}{1 + \exp(-(a + bx))} \tag{3.26}$$

が使われることもある．その他，さまざまな関数が提案されており，**活性化関数**とよばれる．

## 3.8 機械学習と AI (人工知能)

### 3.8.1　機械学習と AI の進展

最近では，**機械学習**や **AI** といった言葉が大流行で，新聞を見ると「機械学習によりスパムメールを検知」とか「AI が囲碁の世界チャンピオンに勝利」，「○○社はエアコンに AI を搭載し，最適な温度コントロールを実現」といった記事を毎日目にする．

**図 3.21**　ソニー　エンタテインメントロボット “aibo” (アイボ)「ERS-1000」

AI の分野は日々進化しておりその全貌をここで紹介することはできないが，基本的な概念について簡単に説明する．

「機械学習」や「AI」という言葉は，いずれも，きちんとした学問的定義があるわけではなく皆が「何となくこういう意味であろう」として使っている，いわゆるバズワードであるともいえるが，

- 「機械学習」とは，人間がさまざまな現象を経験したり目にしたりして学習していたことにならって，機械 (コンピュータ) でも同様に，多数のデータを与えることによって，そこから一定の法則などを見出すようにすること
- 「AI」とは，機械学習を使って，機械 (コンピュータ) に，人間の知能と同様の働きをさせるようにしたもの

ということができるだろう．ここでいう「法則」とは，別に教科書に載るような「○○の法則」である必要はない．これまでに紹介したような「気温が 1℃ 上がるとアイスクリームの売上が 100 個増える」とか，「タイタニック号での生死を

分けた要因は性別だった」などでもよい．さらに，そのような単純なルールではなく,「将棋で次の一手で何を指すと，最終的に勝つ確率が上がるか」,「イヌとネコを見分けるポイント」のような複雑なものもある．つまり，昔であればそのような法則を人間がコンピュータにプログラムとして与えなければならなかったものが，機械学習では機械がそれを見つけ出すということである．

### 3.8.2　ニューラルネットワークにおける学習

ニューラルネットワーク，あるいはそれを複雑化した深層学習も，基本的な仕組みは前節で紹介した単純なものである．ただし，そこでも紹介したように，ユニットの数をどんどん増やしていけば複雑な関数も表現できる．1層のみからなるニューラルネットワークではユニットが多数必要になるが，多くの中間層を含んだ深層学習にすると，全体のユニット数が少なくても複雑な計算ができることが知られている．この場合の「学習」とは，データから，最適なパラメーター $b$ や $w$ を求める作業であるということができる．

ただ実際には，ニューラルネットワークにおける学習というのはなかなか厄介である．すでに紹介したように，ニューラルネットワークでは，2次関数や3次関数，さらに三角関数といったような複雑な関数を再現できる．これが逆に厄介なのである．「バタフライ効果」という言葉があるが，これは「非線形」な世界，つまり1次式では表されないような世界では，初期値やパラメーターをほんの少し変えるだけで結果が大きく変わる (ニューヨークでの蝶の羽ばたきが東京で台風を巻き起こす) 現象のことをいう．ニューラルネットワークの学習では，最適なパラメーターの値を決めるために，パラメーターの値を少しずつ変えていって出力がどうなるかを見るのだが，非線形であるために，パラメーターの値をほんの少し変えただけで結果が大きく動き (場合によっては無限大に発散してしまう)，計算できないといったことが起こる．このような状況を避けてうまく答えを見つけるような計算方法 (アルゴリズム) の研究が，今でも活発に進められている．

### 3.8.3 教師あり学習と教師なし学習

機械学習において，**教師あり学習**と**教師なし学習**という分類がよく使われるので，その意味を説明しておこう[4]．

「教師あり学習」というのは，もともとのデータで正解／不正解がわかっている状況の下，機械としてはできるだけ正解率を上げるように「学習」する (回帰分析のパラメーターを決めるなど) ものである．たとえば，回帰分析では，「気温が 30℃ の場合にアイスクリームは 100 個売れた」といった正解 (データ) があらかじめ与えられていて，生徒たる機械は，できるだけその正解に近くなるように回帰式のパラメーターを決めるのであった．決定木も教師あり学習の 1 つである．決定木では，たとえばタイタニック号において誰が死に誰が生き残ったかといった，正解がわかっているデータに対して，どの要因が効いていたかを見つけ出す，というものであった．

一方，「教師なし学習」というのは，もともとのデータで正解／不正解がわかっていない状況で，何らかのルールを見つけ出そうというものである．「正解がないのに，どうやってルールを見つけるのか」と思うかもしれないが，3.5 節で紹介したクラスタリングは教師なし学習の代表的な例である．クラスタリングにおいては，たとえば「A さんはどのクラスターに入るのか」ということは学習前にはわかっていない．分析者がクラスタリングを実行して初めて，たとえば「A さんは『スィーツ好き女子』というクラスターに属する」ということがわかるのである．

### 3.8.4 過学習

機械学習や人工知能の発展に伴って，**過学習**という問題も起こるようになってきた．文字どおりに読むと「機械の勉強し過ぎ」ということなのだが，データが多ければ多いほどよいというわけではない，ということである．

我々が入手できるデータには，通常，さまざまな誤差が含まれている．たとえば，図 3.22 では，本来は単純な直線関係の法則がある現象の観測データであっ

---

[4] 機械学習の第三の区分として，**強化学習**がある．強化学習では，環境の中で行動するエージェント (ロボットのようなもの) を考える．行動の結果に何らかの「よさ」の尺度が与えられているとき，エージェントが試行錯誤で「よい」結果を得られる行動を探すのが強化学習である．

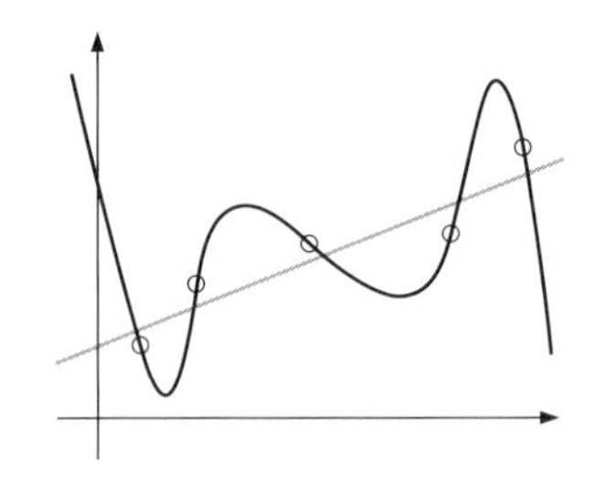

**図 3.22**　過学習

ても，誤差のために観測されるデータは直線から少しずれたところに位置している．これを単純な直線で回帰すれば問題は起こらないのだが，下手に深層学習を使ったりすると，そのような誤差をすべて拾ってきてしまって，図 3.22 のような複雑な曲線を描いてしまう．これはこれで，与えられたデータにはうまくフィットしているのだが，これを使って将来予測をすればずいぶん外れた答えになり，深層学習を使うより単純な直線回帰のほうがよかった，ということにもなりかねない．このような現象を「過学習」という．

過学習を避けるには，たとえば回帰分析であればやたらに変数を増やさない，深層学習であればやたらにユニットの数や中間層の数を増やさない，といったことが必要になる．

### 3.8.5　AI (人工知能) の隆盛

今や，我々の周りは AI (人工知能) であふれている．たとえば，日常何気なく使っているスマートフォンでは，文字入力のときに途中まで入力すると自動的に入力候補を提示してくれるし，写真を撮るときに人間の顔を検出してピントを合わせてくれるのは AI による画像認識技術である．電話に向かって音声で質問をすると答えを返してくれる機能は AI による音声認識技術に支えられている．社会に目を転ずると，AI が囲碁で世界チャンピオンに勝った，AI が難病の診断をして人命を助けた，AI を会社の人事評価や採用に活用した，AI によって顧客の好みを分析し新商品を開発した，などの新聞記事が毎日のように掲載される．

報道されている AI は，「ドラえもん」のような単一の機械であらゆる作業を人間と同等あるいはそれ以上に処理できる AI (**汎用型 AI**) ではないことに注意する必要がある．現在実現されている AI は特定の作業を処理するために設計された AI (**特化型 AI**) である．実用的な汎用型 AI はまだ登場していない．しかし，特化型 AI ではあっても，複数の AI を組み合わせれば全く新しい機能を実現でき，これまで AI は爆発的に進歩してきたことを考えれば，発展の余地は大きいであろう．

イギリスの『エコノミスト』誌は 2017 年に「データは 21 世紀の石油である」との記事を掲載した．今やデータがないと自動車は走れないし機械も動かない．まさに「データなくしては何もできない」といった産業構造の変化が起こりつつある．一方，石油に精製が必要なようにデータもそのままでは使えない．データを整理し，適切なアルゴリズムを用いて分析し，そこから価値を引き出すデータサイエンティストが必要となってくる．

「現在は人が行っている仕事の多くが AI にとって代わられるのではないか」ということもいわれている．確かに，単純作業に関してはその多くが AI で代替されてしまうであろう．しかし一方で，その AI を使いこなすデータサイエンティストの仕事は今後飛躍的に増加するであろうし，また，AI が行っているのは基本的に過去のデータからパターンを見出すことなので，そのパターンに基づいて判断を下す，あるいは過去のパターンでは予測できないことに対処するのは人間の役割である．読者にはぜひ，AI と無駄な力比べをするのではなく，AI を使いこなせる人材になってもらいたい．

## 課題学習

***3-1*** ある電気メーカーは，ある製品 X の製造を A 社，B 社，C 社の 3 つの会社に委託している．A, B, C 各社が製造する X の個数の比率は 5 : 3 : 2 である．また，電気メーカーで検品するとき，A 社で製造した X が不良品である確率は 0.005，B 社で製造した X が不良品である確率は 0.005，C 社で製造した X が不良品である確率は 0.01 であることがわかっている．

(1) 無作為に選んだ製品 X を 1 つ検査するとき，それが不良品である確率を求めよ．

(2) X の不良品が 1 つ見つかったとき，それが C 社で製造されたものである確率を求めよ．

***3-2*** 表3.3に，新たに受信した2通のメールの情報

| | 「無料ご招待」 | 「当選」 | 迷惑メールかどうか |
|---|---|---|---|
| 11 | ○ | ○ | 迷惑メール |
| 12 | − | − | 普通のメール |

を加え，3.3.2項で求めた確率を同様の計算 (単純ベイズモデル) により更新せよ．また，2通のメールの情報を加えたことにより，迷惑メールの検出精度はどの程度改善したか答えよ．

***3-3*** あるスーパーマーケットでひと月に来店したのべ1万人分の購買履歴を分析したところ，米の購入率は3%，はちみつの購入率は1%，米とはちみつの同時購入率は0.2%であった．米とはちみつの購入についてリフト値，支持度，信頼度 (はちみつ → 米) および信頼度 (米 → はちみつ) を計算し分析せよ．

***3-4*** 表3.2のクロス集計表をもとに，商品の購入に影響を及ぼす要因を分析するための決定木 (「性別」と「クーポン配布の有無」をノードとする) を描け．その際，ノードの配置については，ジニ指標を計算し最適な決定木となるようにすること．

***3-5*** 3.1節〜3.6節の各手法の分析例について，本章で紹介したもの以外にどのような例があるか調べてまとめよ．

***3-6*** 身の回りの製品やサービスで，機械学習やAI (人工知能) が利用されているものにどのようなものがあるか調べよ．また，興味・関心をもったものについて，使われている技術や仕組みを調べよ．

# 4

# Excelによるデータ分析

この章ではExcelを使用したデータ分析の入門的な学習として，1.3.5項に基づくオープンデータ取得の方法，第2章で学習したヒストグラムや箱ひげ図などの作成および基本的な統計量を求めるツールや関数の使い方，さらに2変量のデータ間の関係を調べるための散布図の作成と回帰直線の追加および相関係数などの統計量の算出を行う方法を取り上げる．

なお，データの入手作業などで「チェックボックスにチェックを入れる」や「『OK』ボタンをクリックする」という作業が頻発するため，それぞれ，「☑する」，「OKする」と略記する．

## 4.1 基本統計量とヒストグラム・箱ひげ図

ここでは山梨県甲府市の気温データを使って，度数分布表・ヒストグラム・箱ひげ図の作成および基本的な統計量の求め方を学習する．

### 4.1.1 データの取得

#### 4.1.1.1 気象庁のウェブサイトからのデータ入手

まず，甲府の日最低気温データを，気象庁のウェブサイト[1)] から入手する．気象庁サイト内で，以下のようにダウンロードページへ移動する．

1. 「気象庁ウェブサイト」にいく．

---

1) https://www.data.jma.go.jp/gmd/risk/obsdl/index.php

2. 「ホーム」をクリックする[2)].
3. 「各種データ・資料」をクリックする.
4. 「気象」のリストにある「過去の地点気象データ・ダウンロード」をクリックする.

たどり着いたダウンロードページで，以下のようにしてデータを入手する.

1. 検索条件「地点を選ぶ」で日本全国都道府県別地図から山梨県をクリックする．すると，山梨県に一瞬囲みが付き，山梨県全地点地図に移動する.
2. 「検索条件」の「地点を選ぶ」の，山梨県全地点地図から「甲府」をクリックして選択する．すると，甲府に ✓ が付く.
3. 検索条件「項目を選ぶ」で「データの種類」の「日別値」を選択する.
4. すぐ下にある項目の「気温」にある「日最低気温」を ☑する.
5. 検索条件「期間を選ぶ」で「特定の期間を複数年分、表示する」を選択する.
6. 期間を「10月1日から10月1日[3)] の値を1992年から2021年まで表示」と設定する.
7. 「CSVファイルをダウンロード」(右側のオレンジ色のボタン) をクリックする.
8. ダウンロードが開始され，終了するとCSVファイル「data.csv」がダウンロードフォルダ[4)] に保存される.
9. 上記手順を，「11月1日から11月1日の値」，「12月1日から12月1日の値」で繰り返し，合計3つのデータファイルを取得する.

#### 4.1.1.2 取得データファイルのデータの加工・編集

取得した3つのデータファイルの各データを編集・加工・整形し，1つのExcelシートにまとめる (図4.1)．この作業の詳細は省略するが，さまざまな方法で得たデータを分析で使うために整理・整形することは，データ分析ではとても重

---

[2)] 検索サイトから訪れると必ずしもトップページとは限らないので，あらためて「ホーム」に移動している.

[3)] 要するに，10月1日のみだが，このような指定の仕方をすることが多い.

[4)] ブラウザの設定によってPCのどこにダウンロードされるかは変わるが，何も設定していなければ「ダウンロード」フォルダになる.

| | A | B | C | D |
|---|---|---|---|---|
| 1 | 甲府の最低気温 | | | |
| 2 | | 10月1日 | 11月1日 | 12月1日 |
| 3 | 1992 | 18.1 | 5.6 | 5.3 |
| 4 | 1993 | 16.4 | 4.5 | 6.7 |
| 5 | 1994 | 21.1 | 8.7 | 1.6 |
| 6 | 1995 | 17 | 7.5 | -0.7 |
| 7 | 1996 | 14.4 | 13.1 | 1 |
| 8 | 1997 | 11 | 4.3 | 6.6 |
| 9 | 1998 | 20 | 11.8 | 3.9 |
| 10 | 1999 | 20.4 | 13.3 | 0.1 |
| 11 | 2000 | 16.9 | 12.4 | 3 |
| 12 | 2001 | 15.1 | 8.5 | 1.2 |
| 13 | 2002 | 17 | 8.6 | 6.2 |
| 14 | 2003 | 10.1 | 13.4 | 9.5 |
| 15 | 2004 | 13.2 | 15 | 2 |
| 16 | 2005 | 15.6 | 5.1 | -0.1 |

甲府最低気温

**図 4.1**　甲府最低気温データの整形

要な意味をもつため，後のことを考え丁寧に行う必要がある.

甲府最低気温データの表としてまとめる上で，表見出しとして 2 行目の 3 つの月日をそのまま入力すると，通常は「ユーザー定義型」としてセルの表示形式が設定される．この表示形式のまま，次の手順で基本統計量を求めると，この 3 つの月日がシリアル値 (1900/1/1 からの日数) として表示されてしまう[5) ]ため，これら表見出しの 3 つの月日については，セルの表示形式を手動で「文字列」に変更しておくとよい.

また，本書ではここで作成したワークシートを以降の分析それぞれで別に使用している．1 つのワークシートからこれらの手順をすべて行うと混乱しやすいため，作成したワークシートを保存しておき，それぞれの作業が完了するたびに，新たに別ファイルとして作業を開始してほしい.

### 4.1.2　基本的な統計量の計算

Excel の「分析ツール」のメニューの 1 つである「基本統計量」を用いて各統計量を求める方法と，その各統計量を Excel 関数を使って求める方法を学習する.

#### 4.1.2.1　「分析ツール」を Excel で使えるようにするための準備

Excel 画面上部の「データ」メニューを開いて,「データ分析」というツールがあることを確認する．ツールがない場合は以下の手順で表示されるようにする.

---

5) データ入力範囲の指定で「先頭行をラベルとして使用」を選択しても，分析ツールの出力には表示形式が反映されない.

1. 「ファイル」タブをクリックする.
2. 下部にある「オプション」(場合によっては「その他...」をクリックした中にある) をクリックする.
3. 「Excelのオプション」ダイアログが表示されるので,「アドイン」の中の「管理」が「Excelアドイン」となっていることを確認して「設定」をクリックする.
4. 「アドイン」ダイアログの「分析ツール」を☑し OK する.

これで分析ツールがExcelの「データ」メニューに組み込まれ,「分析」リボンに「データ分析」と表示される.

#### 4.1.2.2　分析ツールによる基本統計量の求め方

甲府最低気温データのファイルを開き, 次の手順で分析を行う.

1. 「データ」タブから「データ分析」を選択する.
2. 「データ分析」ダイアログが表示されるので,「基本統計量」を選択し OK する.
3. 「基本統計量」ダイアログの「入力元」にある「入力範囲」で入力範囲を入力する (例：`$B$2:$D$32`).
4. 「基本統計量」ダイアログの「先頭行をラベルとして使用する」を☑する[6].
5. 「基本統計量」ダイアログの「出力オプション」で「出力先」を選択し, 出力範囲の左上のセル位置を入力する (例：`$F$2` ).
6. 「基本統計量」ダイアログの「統計情報」に☑し, OK する.

この結果, 図4.2のような出力結果が得られる.

ここで各統計量のうち, 第2章で取り上げなかった標準誤差, 尖度, 歪度, 範囲について簡単に説明する.

**標準誤差**　データの平均のばらつきを示す統計量で, 標準誤差 ＝ 標準偏差 ÷ $\sqrt{\text{データ数}}$ で求めることができ, データ数が大きいほど小さくなる.

[6] 入力範囲にデータ項目名が含まれていないなら当然チェックしなくてよい.

| | F | G | H | I | J | K |
|---|---|---|---|---|---|---|
| 1 | 分析ツール | | | | | |
| 2 | 10月1日 | | 11月1日 | | 12月1日 | |
| 3 | | | | | | |
| 4 | 平均 | 16.63 | 平均 | 8.963333 | 平均 | 3.36 |
| 5 | 標準誤差 | 0.533178 | 標準誤差 | 0.595201 | 標準誤差 | 0.55716 |
| 6 | 中央値（メジアン） | 16.9 | 中央値（メジアン） | 8.7 | 中央値（メジアン） | 2.8 |
| 7 | 最頻値（モード） | 17 | 最頻値（モード） | 8.7 | 最頻値（モード） | 5.3 |
| 8 | 標準偏差 | 2.920339 | 標準偏差 | 3.260049 | 標準偏差 | 3.051693 |
| 9 | 分散 | 8.528379 | 分散 | 10.62792 | 分散 | 9.312828 |
| 10 | 尖度 | -0.09842 | 尖度 | -1.17951 | 尖度 | -0.94487 |
| 11 | 歪度 | -0.47917 | 歪度 | 0.111254 | 歪度 | 0.294066 |
| 12 | 範囲 | 11.5 | 範囲 | 10.8 | 範囲 | 11.2 |
| 13 | 最小 | 10.1 | 最小 | 4.2 | 最小 | -1.7 |
| 14 | 最大 | 21.6 | 最大 | 15 | 最大 | 9.5 |
| 15 | 合計 | 498.9 | 合計 | 268.9 | 合計 | 100.8 |
| 16 | データの個数 | 30 | データの個数 | 30 | データの個数 | 30 |

**図 4.2** 分析ツールによる基本統計量の出力結果

**尖度** データの分布の裾の長さを測る尺度である．正規分布とよばれる分布のときは尖度が 0 になり[7)]，正規分布よりも尖っている分布のときは尖度が正，正規分布よりも平坦な分布のときは尖度が負である (図 4.3).

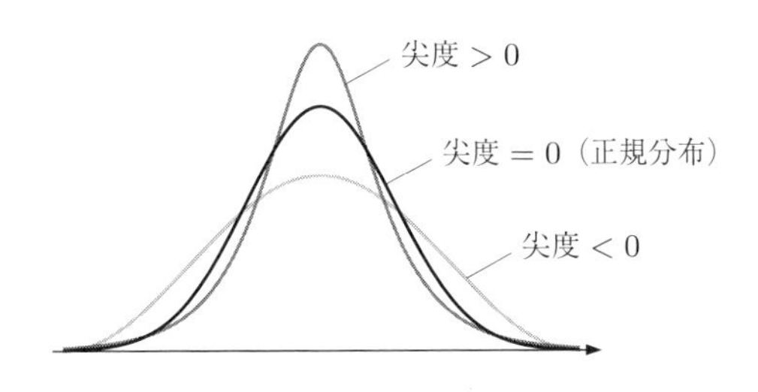


**図 4.3** 尖度の分布イメージ

**歪度** データの分布の非対称性を測る尺度である．左右対称の分布のときは歪度が 0，右に裾を引いた分布のときは歪度が正，左に裾を引いた分布のときは歪度が負である (図 4.4).

**範囲** データが分布する範囲であり，最大値から最小値を引いたものである．

また，今回の分析結果においては，分散の項目では実際には不偏分散の計算結果が出力され，標準誤差と標準偏差についても不偏分散を使った計算結果が

7) 尖度については，正規分布を 尖度 = 0 とする定義と，正規分布を 尖度 = 3 とする定義があり，Excel では前者，JIS 規格 (日本産業規格) では後者を採用している．数式的に簡潔なのは後者で，前者はそこから 3 を減じているだけの違いである．

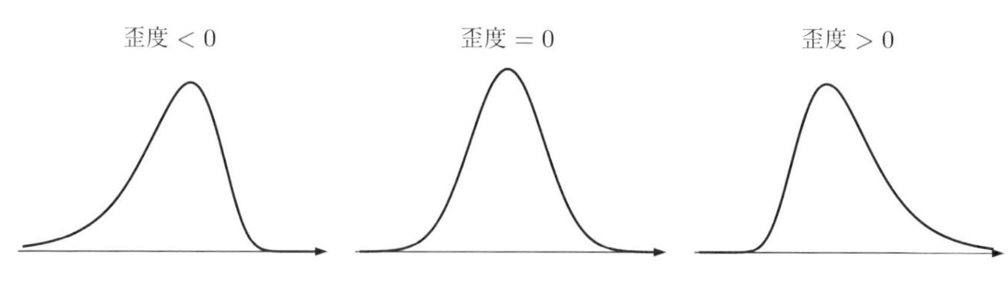


**図 4.4**　歪度の分布イメージ

出力される (分散と不偏分散の詳細は 2.1.3 項にある).

#### 4.1.2.3　関数による基本統計量の求め方

分析ツールの基本統計量で求めた統計量は Excel 関数によっても求めることができる. 以下の表 4.1 は対応する関数の一覧表である.

図 4.5 が実際に関数を適用した結果であり, 10 月 1 日, 11 月 1 日, 12 月 1 日の各列のすべての関数のセル範囲はそれぞれ `B$3:B$32`, `C$3:C$32`, `D$3:D$32` である.

**表 4.1**　分析ツールの基本統計量を求める関数[8)]

| 統計量 | 関数 |
|---|---|
| 平均 | =AVERAGE(セル範囲) |
| 標準誤差 | =STDEV.S(セル範囲)/SQRT(COUNT(セル範囲)) |
| 中央値 | =MEDIAN(セル範囲) |
| 最頻値 | =MODE.SNGL(セル範囲) |
| 標準偏差 | =STDEV.S(セル範囲) |
| (不偏) 分散 | =VAR.S(セル範囲) |
| 尖度 | =KURT(セル範囲) |
| 歪度 | =SKEW(セル範囲) |
| 範囲 | =MAX(セル範囲)-MIN(セル範囲) |
| 最小 | =MIN(セル範囲) |
| 最大 | =MAX(セル範囲) |
| 合計 | =SUM(セル範囲) |
| データの個数 | =COUNT(セル範囲) |

[8)] 分散と標準偏差の計算方法には, データを母集団 (population) とみなすか標本 (sample) とみなすかで 2 つの計算方法がある. Excel での関数名の末尾につく「`.S`」は「母集団の標本として計算」を意味し,「`.P`」は「標本を母集団とみなして計算」を意味している. 分散と不偏分散の相違については 2.1.3 項を参照せよ.

| | M | N | O | P |
|---|---|---|---|---|
| 1 | 関数 | | | |
| 2 | | 10月1日 | 11月1日 | 12月1日 |
| 3 | | | | |
| 4 | 平均 | 16.63 | 8.963333 | 3.36 |
| 5 | 標準誤差 | 0.533178 | 0.595201 | 0.55716 |
| 6 | 中央値 | 16.9 | 8.7 | 2.8 |
| 7 | 最頻値 | 17 | 8.7 | 5.3 |
| 8 | 標準偏差 | 2.920339 | 3.260049 | 3.051693 |
| 9 | 分散 | 8.528379 | 10.62792 | 9.312828 |
| 10 | 尖度 | -0.09842 | -1.17951 | -0.94487 |
| 11 | 歪度 | -0.47917 | 0.111254 | 0.294066 |
| 12 | 範囲 | 11.5 | 10.8 | 11.2 |
| 13 | 最小 | 10.1 | 4.2 | -1.7 |
| 14 | 最大 | 21.6 | 15 | 9.5 |
| 15 | 合計 | 498.9 | 268.9 | 100.8 |
| 16 | データの個数 | 30 | 30 | 30 |

**図 4.5**　関数による基本統計量の表

### 4.1.3　度数分布表とヒストグラムの作成[9)]

ヒストグラムは値を一定範囲の区間に分けて，各区間に含まれるデータの個数 (度数) を棒の長さで表す，量的データの分布の傾向を表すグラフである (2.1.1 項)．度数分布表は，その各区間に含まれるデータの個数 (度数，頻度) を，区間ごとにまとめた表である．

#### 4.1.3.1　度数分布表およびヒストグラムの区間の設定

度数分布表やヒストグラムの区間の設定においては，区間数を標本の大きさ (サンプルサイズ) の平方根程度にする方法 (2.1.1 項) の他に，スタージェスの公式とよばれる「$1 + \log_2$ サンプルサイズ」程度にする方法を用いることが多い．甲府の 10 月から 12 月の各 1 日の日最低気温のデータ例では，データの個数が 30 なので 6 個の区間を設けることにする．また基本統計量の計算結果より，最小値が $-1.7$ ℃，最大値が 21.6 ℃ なので $-5.0$ から 5 ℃ ずつの 6 区間 ($-5.0$〜0.0, 0.0〜5.0, 5.0〜10.0, 10.0〜15.0, 15.0〜20.0, 20.0〜25.0) を設定する．

#### 4.1.3.2　関数を利用した度数分布表の作成

関数を使い度数分布表を作成する場合，条件に一致するデータの個数を求める COUNTIF 関数かデータの値の範囲である各区間の頻度を計算する FREQUENCY 関数を使用する．

9) 甲府最低気温データのファイル (もしくはワークシート) を新たに開いて作業するとよい．

**COUNTIF(データ範囲，検索条件)**

データ範囲はデータがあるセル範囲などを指定する．検索条件はデータ数をカウントする対象となるデータを探す条件である．

**FREQUENCY(データ配列，区間配列)**

データ配列は頻度を計算するデータがあるセル範囲や列，行そのものを指定する．区間配列は区間 (階級) のデータがあるセル範囲などを指定する．

2つの関数を使用して求めた甲府の10月1日最低気温のデータに対する度数分布表の例と実際に入力する関数を数式表示させた例を，それぞれ図4.6と図4.7に示す．

ここでG列の度数はCOUNTIF関数を使用して求めており，H列の度数はFREQUENCY関数を使用して求めている．

COUNTIF関数の場合，最初にセルG4に

```
=COUNTIF($B$3:$B$32,"<="&F4)
```

として与える．これは10月1日のデータのあるセル範囲B3:B32の絶対参照

| | F | G | H | I |
|---|---|---|---|---|
| 1 | | | | |
| 2 | 10月1日 | | | |
| 3 | 区間 | 度数 | 度数 | 区間の意味 |
| 4 | 0.0 | 0 | 0 | 0.0以下 |
| 5 | 5.0 | 0 | 0 | 0.0より大きく5.0以下 |
| 6 | 10.0 | 0 | 0 | 5.0より大きく10.0以下 |
| 7 | 15.0 | 7 | 7 | 10.0より大きく15.0以下 |
| 8 | 20.0 | 19 | 19 | 15.0より大きく20.0以下 |
| 9 | 25.0 | 4 | 4 | 20.0より大きく25.0以下 |
| 10 | | | | |

**図4.6**　関数使用による度数分布表

| | F | G | H |
|---|---|---|---|
| 1 | | | |
| 2 | 10月1日 | | |
| 3 | 区間 | 度数 | 度数 |
| 4 | 0 | =COUNTIF($B$3:$B$32,"<="&F4) | =FREQUENCY(B3:B32,F4:F8) |
| 5 | 5 | =COUNTIF($B$3:$B$32,"<="&F5)-COUNTIF($B$3:$B$32,"<="&F4) | |
| 6 | 10 | =COUNTIF($B$3:$B$32,"<="&F6)-COUNTIF($B$3:$B$32,"<="&F5) | |
| 7 | 15 | =COUNTIF($B$3:$B$32,"<="&F7)-COUNTIF($B$3:$B$32,"<="&F6) | |
| 8 | 20 | =COUNTIF($B$3:$B$32,"<="&F8)-COUNTIF($B$3:$B$32,"<="&F7) | |
| 9 | 25 | =COUNTIF($B$3:$B$32,"<="&F9)-COUNTIF($B$3:$B$32,"<="&F8) | |

**図4.7**　関数使用による度数分布表 (数式表示)

したものを第1引数に指定し，第2引数は区間0に相当する0以下を表す条件"<="&F4を指定する．次にセルG5では区間5 (0.0より大きく5.0以下) に相当する2つのCOUNTIF関数の差として与える．すなわち，区間5 (0.0より大きく5.0以下) の度数とは，5.0以下の度数から0.0以下の度数を引いたものであるので，

```
=COUNTIF($B$3:$B$32,"<="&F5)-COUNTIF($B$3:$B$32,"<="&F4)
```

によって与えればよい．セルG5で与えた式は，セルG6以降の式と同様な式となるため，セルG5の式をG6以降の列下方向にコピーすることで求めることができる．

FREQUENCY関数の場合，最初のセルH4で，

```
=FREQUENCY(B3:B32,F4:F8)
```

として与える．これは10月1日のデータのあるセル範囲B3:B32を第1引数に指定し，第2引数にはF列の区間のセルF4から列下方向の最後のセルF9の1つ手前のセル範囲F4:F8を指定すればよい[10)]．なぜならFREQUENCY関数は度数を求めるH列の一番上のセルH4で与えれば，同じH列の下のセルの度数は自動計算されるが，とくに第2引数で指定する区間の列下方向の一番下のセルのデータより，さらに1つ下の区間のセルのデータを自動判断し，その度数まで計算してしまうためである．もし，セル範囲F4:F9で指定すると，F10に区間30.0 (25.0より大きく30.0以下) があるものとして，セルH10に度数0を求めることになる．

度数分布表を作成するには，上述の関数を使用する方法の他にも，ピボットテーブルを利用する方法があるが，ここでは省略する．また，後述する分析ツールを用いる方法でも作成できる．

#### 4.1.3.3 グラフ機能を利用したヒストグラムの作成

ヒストグラムの作成は，グラフ化する対象となるデータがあるセル範囲を選択した上で，Excelシート上のメニュー「挿入」タブの「グラフ」リボンにあるグラフの種類の1つ「統計グラフの挿入 (ヒストグラム)」ボタンを利用する方

---

10) FREQUENCY関数の使い方は，Excelのバージョンによって大きく違っている．詳細は4.3節にある．

法がある．しかし，グラフの種類「統計グラフの挿入 (ヒストグラム)」を使用する場合，最初に自動作成されるヒストグラムの区間の幅や区間の個数などを変更する「軸の書式設定」の調整に自由度があまりない．ここではグラフの種類「縦棒/横棒グラフの挿入 (2D-縦棒)」で作成する方法を次に示す．

### 対象データ範囲の選択とグラフの選択

先述した関数を利用した度数分布表の図4.6のデータを使用して2D-縦棒グラフを利用したヒストグラム作成を行う．グラフ化の対象データ範囲として最初にG列の度数のデータがあるセル範囲 `G4:G9` を選択する．

次に「挿入」タブの「グラフ」リボンにあるグラフの種類「縦棒/横棒グラフの挿入 (2D-縦棒)」を選択する．これによりグラフが自動生成される (図4.8)．

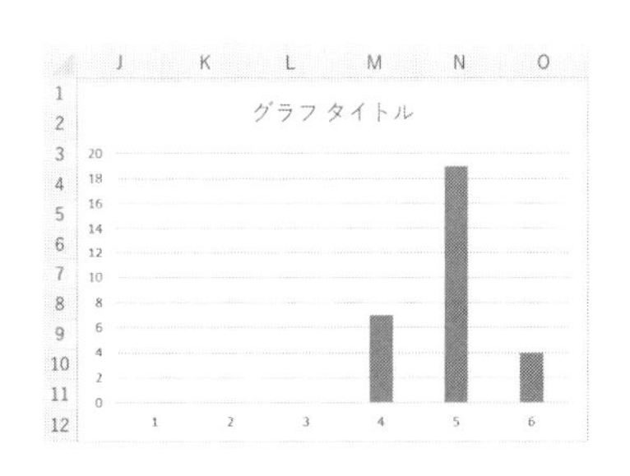


**図4.8**　縦棒グラフ自動生成

### 横軸データを区間データに修正

横軸のデータを区間データに変更するために，横軸をクリックして選択し，上部メニューの「グラフのデザイン」から「データの選択」と，順にクリックすると「データソースの選択」ダイアログが開く．この中で「横 (項目) 軸ラベル」の「編集」ボタンをクリックすると，「軸ラベルの範囲」ダイアログが開くので，10月1日の度数分布表の区間データのあるセル範囲 `F4:F9` を選択し，OKする．

「データソースの選択」ダイアログの「横 (項目) 軸ラベル」のデータが区間データに変更されるので，さらに同ダイアログでOKする (図4.9)．

### 横軸のラベルやグラフタイトルの設定

グラフタイトルを「甲府の毎年10月1日の最低気温」に修正する．また，グラフ内の何もないエリアをクリックすると，グラフの右上にグラフ要素ボタン

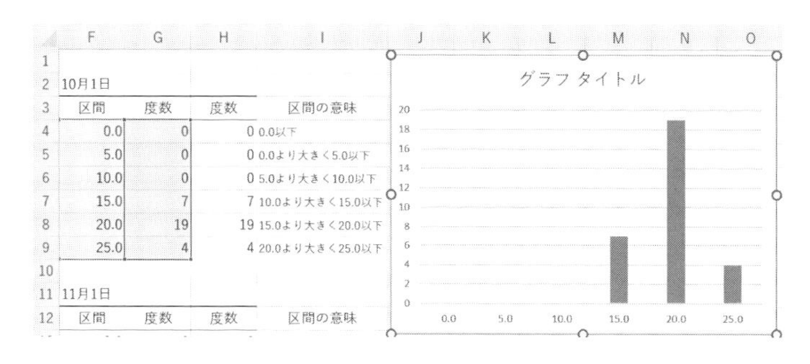


**図 4.9**　縦棒グラフ横軸修正

(田のアイコン) が現れる．このボタンをクリックして「軸ラベル」に☑すると，縦軸，横軸ラベルが現れるので，縦軸ラベルを「度数」に横軸ラベルを「データ区間」に修正する．

さらに，今回の場合，最低気温のデータは連続的な量なので，ヒストグラムの棒が離れているのは正しくない．それを直すためには，グラフの棒を選択し右クリックすると開くメニューに「データ系列の書式設定」があり，これを選択すると「データ系列の書式設定」作業ウィンドウが現れるので，この中の「要素の間隔」を「0％」にすると，縦棒グラフを利用したヒストグラムが完成する (図 4.10).

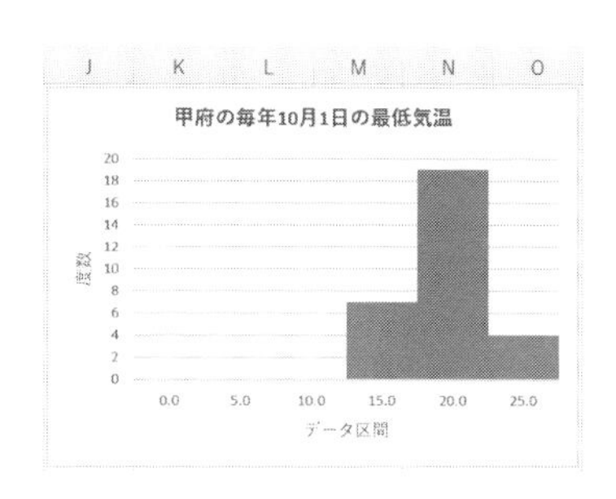


**図 4.10**　縦棒グラフによるヒストグラム完成

#### 4.1.3.4　分析ツールを利用したヒストグラムの作成[11]

その他の方法として，分析ツールの「ヒストグラム」を使用してヒストグラムを作成する方法がある．分析ツールの「ヒストグラム」を使用すると，度数

[11] 甲府最低気温データのファイル (もしくはワークシート) を新たに開いて作業するとよい．

分布表の作成も同時に行うことができる．

### 区間データの入力

ヒストグラムを描く対象となる甲府の最低気温データに区間データを書き加える．区間データは前述した 6 区間 (−5.0∼0.0, 0.0∼5.0, 5.0∼10.0, 10.0∼15.0, 15.0∼20.0, 20.0∼25.0) であるので，セル範囲 E3:E8 に，各区間の上限値となる値 (0.0, 5.0, 10.0, 15.0, 20.0, 25.0) を入力する．

### データ分析ツールの使用

Excel 画面上部の「データ」タブの「データ分析」をクリックすると，「データ分析」ダイアログが表示される．「ヒストグラム」を選択し OK すると，図 4.11 のような「ヒストグラム」ダイアログが開く．ここで「入力範囲」に気温のデータである$B$3:$B$32,「データ区間」に先ほど入力した各区間の上限値である$E$3:$E$8,「出力オプション」の「出力先」を選択し，出力範囲を$F$3 と入力したのちに，「グラフ作成」に☑して，OK すると，図 4.12 のように度数分布表とグラフが表示される．

図 4.12 においてデータ区間の数値「15.0」は「10.0 より大きく 15.0 以下を満たすデータ (値) の個数」という意味である．今回の場合，最低気温のデータは連続的な量であり，ヒストグラムとして各棒が離れているのは正しくないので直す必要がある．グラフの棒を選択して右クリックすると，メニューが表示さ

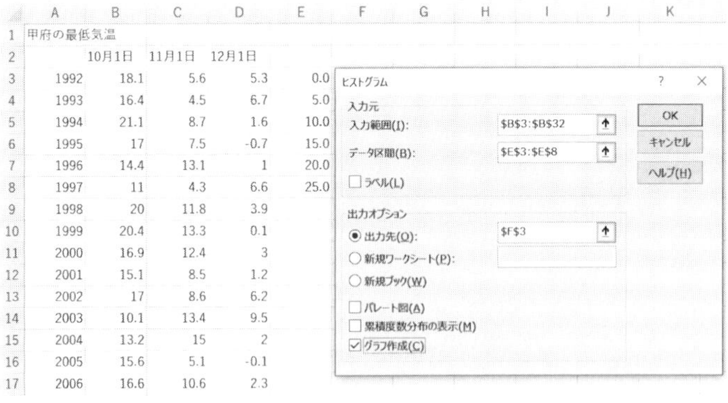

| | A | B | C | D | E |
|---|---|---|---|---|---|
| 1 | 甲府の最低気温 | | | | |
| 2 | | 10月1日 | 11月1日 | 12月1日 | |
| 3 | 1992 | 18.1 | 5.6 | 5.3 | 0.0 |
| 4 | 1993 | 16.4 | 4.5 | 6.7 | 5.0 |
| 5 | 1994 | 21.1 | 8.7 | 1.6 | 10.0 |
| 6 | 1995 | 17 | 7.5 | -0.7 | 15.0 |
| 7 | 1996 | 14.4 | 13.1 | 1 | 20.0 |
| 8 | 1997 | 11 | 4.3 | 6.6 | 25.0 |
| 9 | 1998 | 20 | 11.8 | 3.9 | |
| 10 | 1999 | 20.4 | 13.3 | 0.1 | |
| 11 | 2000 | 16.9 | 12.4 | 3 | |
| 12 | 2001 | 15.1 | 8.5 | 1.2 | |
| 13 | 2002 | 17 | 8.6 | 6.2 | |
| 14 | 2003 | 10.1 | 13.4 | 9.5 | |
| 15 | 2004 | 13.2 | 15 | 2 | |
| 16 | 2005 | 15.6 | 5.1 | -0.1 | |
| 17 | 2006 | 16.6 | 10.6 | 2.3 | |

ヒストグラム
入力元
入力範囲(I): $B$3:$B$32
データ区間(B): $E$3:$E$8
ラベル(L)
出力オプション
出力先(O): $F$3
新規ワークシート(P):
新規ブック(W)
パレート図(A)
累積度数分布の表示(M)
グラフ作成(C)
OK
キャンセル
ヘルプ(H)

**図 4.11**　分析ツールによる度数分布表とヒストグラム

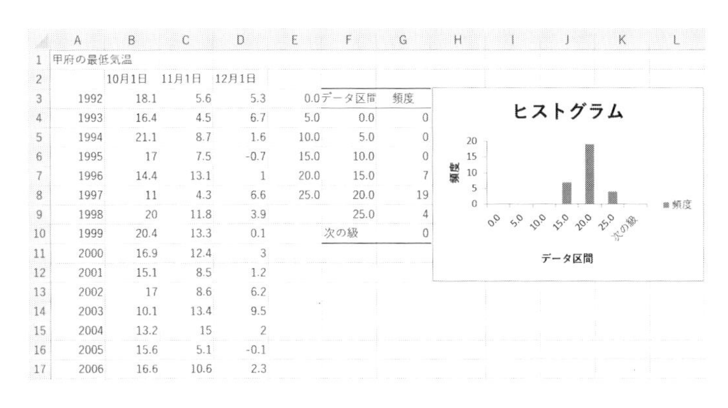

| | A | B | C | D | E | F | G |
|---|---|---|---|---|---|---|---|
| 1 | 甲府の最低気温 | | | | | | |
| 2 | | 10月1日 | 11月1日 | 12月1日 | | | |
| 3 | 1992 | 18.1 | 5.6 | 5.3 | 0.0 | データ区間 | 頻度 |
| 4 | 1993 | 16.4 | 4.5 | 6.7 | 5.0 | 0.0 | 0 |
| 5 | 1994 | 21.1 | 8.7 | 1.6 | 10.0 | 5.0 | 0 |
| 6 | 1995 | 17 | 7.5 | -0.7 | 15.0 | 10.0 | 0 |
| 7 | 1996 | 14.4 | 13.1 | 1 | 20.0 | 15.0 | 7 |
| 8 | 1997 | 11 | 4.3 | 6.6 | 25.0 | 20.0 | 19 |
| 9 | 1998 | 20 | 11.8 | 3.9 | | 25.0 | 4 |
| 10 | 1999 | 20.4 | 13.3 | 0.1 | | 次の級 | 0 |
| 11 | 2000 | 16.9 | 12.4 | 3 | | | |
| 12 | 2001 | 15.1 | 8.5 | 1.2 | | | |
| 13 | 2002 | 17 | 8.6 | 6.2 | | | |
| 14 | 2003 | 10.1 | 13.4 | 9.5 | | | |
| 15 | 2004 | 13.2 | 15 | 2 | | | |
| 16 | 2005 | 15.6 | 5.1 | -0.1 | | | |
| 17 | 2006 | 16.6 | 10.6 | 2.3 | | | |



**図 4.12** 分析ツールによる度数分布表とヒストグラム (実行後)

れる．この中の「データ系列の書式設定」を選択すると，「データ系列の書式設定」作業ウィンドウが現れるので，その中の「要素の間隔」を「0％」にする．その他，横軸のラベルの修正やグラフタイトルの修正などを行ってグラフが完成する (図 4.13).

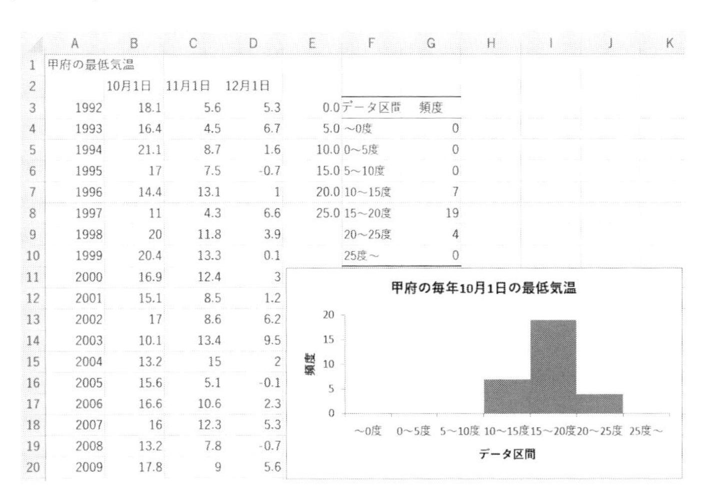

| | A | B | C | D | E | F | G |
|---|---|---|---|---|---|---|---|
| 1 | 甲府の最低気温 | | | | | | |
| 2 | | 10月1日 | 11月1日 | 12月1日 | | | |
| 3 | 1992 | 18.1 | 5.6 | 5.3 | 0.0 | データ区間 | 頻度 |
| 4 | 1993 | 16.4 | 4.5 | 6.7 | 5.0 | ～0度 | 0 |
| 5 | 1994 | 21.1 | 8.7 | 1.6 | 10.0 | 0～5度 | 0 |
| 6 | 1995 | 17 | 7.5 | -0.7 | 15.0 | 5～10度 | 0 |
| 7 | 1996 | 14.4 | 13.1 | 1 | 20.0 | 10～15度 | 7 |
| 8 | 1997 | 11 | 4.3 | 6.6 | 25.0 | 15～20度 | 19 |
| 9 | 1998 | 20 | 11.8 | 3.9 | | 20～25度 | 4 |
| 10 | 1999 | 20.4 | 13.3 | 0.1 | | 25度～ | 0 |
| 11 | 2000 | 16.9 | 12.4 | 3 | | | |
| 12 | 2001 | 15.1 | 8.5 | 1.2 | | | |
| 13 | 2002 | 17 | 8.6 | 6.2 | | | |
| 14 | 2003 | 10.1 | 13.4 | 9.5 | | | |
| 15 | 2004 | 13.2 | 15 | 2 | | | |
| 16 | 2005 | 15.6 | 5.1 | -0.1 | | | |
| 17 | 2006 | 16.6 | 10.6 | 2.3 | | | |
| 18 | 2007 | 16 | 12.3 | 5.3 | | | |
| 19 | 2008 | 13.2 | 7.8 | -0.7 | | | |
| 20 | 2009 | 17.8 | 9 | 5.6 | | | |



**図 4.13** 分析ツールによる度数分布表とヒストグラム (完成)

### 4.1.4　箱ひげ図と四分位点を求める関数

#### 4.1.4.1　箱ひげ図の作成

ここでは Excel のグラフ機能を利用して甲府の最低気温データを対象とする箱ひげ図を作成する．

図 4.14 の Excel のシートには，10 月 1 日，11 月 1 日，12 月 1 日の 3 つの系列のデータが 3 列に分かれて入力されているので，3 つまとめて箱ひげ図を描く．

まずデータが入力されている範囲 (この例ではセル範囲 `B3:D32`) を指定して，Excel シート上のメニュー「挿入」タブの「グラフ」リボンの中にあるグラフの種類の「統計グラフの挿入 (箱ひげ図)」ボタンをクリックすれば箱ひげ図を作成できる．

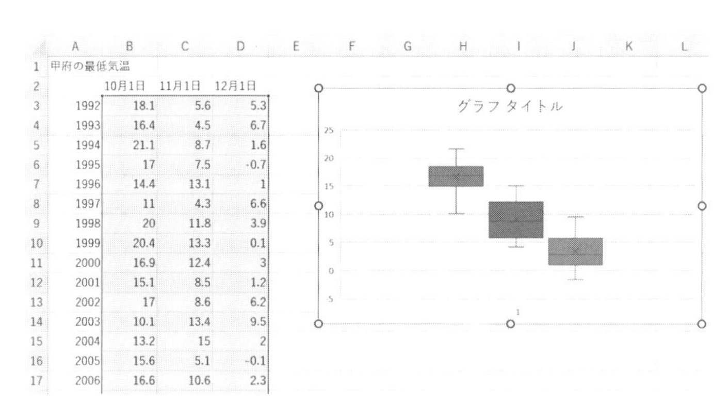

| | A | B | C | D |
|---|---|---|---|---|
| 1 | 甲府の最低気温 | | | |
| 2 | | 10月1日 | 11月1日 | 12月1日 |
| 3 | 1992 | 18.1 | 5.6 | 5.3 |
| 4 | 1993 | 16.4 | 4.5 | 6.7 |
| 5 | 1994 | 21.1 | 8.7 | 1.6 |
| 6 | 1995 | 17 | 7.5 | -0.7 |
| 7 | 1996 | 14.4 | 13.1 | 1 |
| 8 | 1997 | 11 | 4.3 | 6.6 |
| 9 | 1998 | 20 | 11.8 | 3.9 |
| 10 | 1999 | 20.4 | 13.3 | 0.1 |
| 11 | 2000 | 16.9 | 12.4 | 3 |
| 12 | 2001 | 15.1 | 8.5 | 1.2 |
| 13 | 2002 | 17 | 8.6 | 6.2 |
| 14 | 2003 | 10.1 | 13.4 | 9.5 |
| 15 | 2004 | 13.2 | 15 | 2 |
| 16 | 2005 | 15.6 | 5.1 | -0.1 |
| 17 | 2006 | 16.6 | 10.6 | 2.3 |



**図 4.14**　箱ひげ図の自動生成

次に記述するように，グラフタイトルの修正，凡例・データラベルの追加，データラベルの小数点以下の数値の桁数調整を行うことで箱ひげ図を完成させる．

**グラフタイトルの修正**

グラフタイトルを「甲府の毎年 10 月～12 月の 1 日の最低気温」に修正する．

**凡例の追加**

次の手順で凡例を追加する．

1. グラフ内の何もないエリアをクリックすると，グラフの右上にグラフ要素ボタン (田) が現れる．

2. このボタンをクリックし，出現するリストの「凡例」に☑し，凡例を上に表示させる (☑した右の「▷」ボタンをクリックすると表示位置を選択することができる).
3. 凡例をクリックすると，Excel のメニューバーに「グラフのデザイン」タブが表示されるので，そのタブをクリックし，リボン内にある「データの選択」ボタンをクリックする.
4. 表示される「データソースの選択」ダイアログで，「凡例項目 (系列)」で「系列 1」を選択し「編集」ボタンをクリックする.
5. 「系列の編集」ダイアログで「系列名」でセル B2 の 10 月 1 日を選択し OK する.
6. 同様に，「データソースの選択」ダイアログで「凡例項目 (系列)」で，「系列 2」に対して，セル C2 の 11 月 1 日，「系列 3」に対して，セル D2 の 12 月 1 日を設定する.
7. 戻った「データソースの選択」ダイアログで OK する.

### データラベルの追加

グラフ内の何もないエリアをクリックすると，グラフの右上にグラフ要素ボタン (⊞) が現れる．このボタンをクリックし，出現するリストの「データラベル」に☑し，箱ひげ図の右にデータラベルを表示させる (☑した右の「▷」ボタンをクリックすると表示位置を選択することができる).

### データラベルの小数点以下の調整

箱ひげ図のデータラベルを選択してから右クリックをすると開くメニューの中の「データラベルの書式設定」を選択する．開いた作業ウィンドウの中の「ラベルオプション」の「表示形式」を選択する．そこで開いた項目の中の「カテゴリ」を「数値」にし，「小数点以下の桁数」を「2」，負の数の表示形式は「−1,234.00」を選択し，右上の「×」ボタンをクリックして作業ウィンドウを閉じる.

2.1.2 項で述べたように箱ひげ図はデータの散らばり具合を箱とひげを使って表した図であり，データの最小値・中央値・最大値・第 1 四分位点・第 3 四分位点・平均値の位置を一度に表示できる (図 4.15)．ひげの描き方は，テューキー

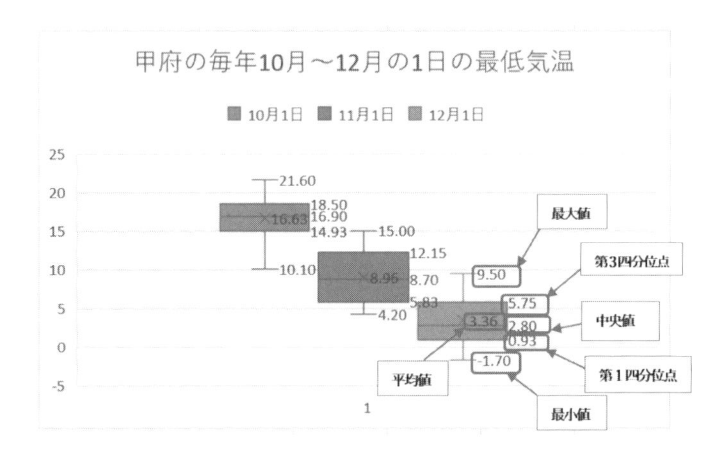


**図 4.15** 箱ひげ図の完成

の方式[12] を用いている.

#### 4.1.4.2 箱ひげ図で表示される値を求める関数

箱ひげ図で表示される値は最小値・中央値・最大値・第1四分位点・第3四分位点・平均値であるが，第1四分位点・第3四分位点を除く統計量については，表4.1で示したように，統計量を求める関数があることを理解した．ここでは第1四分位点・第3四分位点などの四分位点を求める関数を取り上げる．最小値が第0四分位点，中央値が第2四分位点，最大値が第4四分位点であることから，同じ関数で最小値・中央値・最大値も求めることができる．図4.16は，甲府の毎年12月1日の最低気温データに対する箱ひげ図で表示される四分位点などの値をExcelの四分位点を求める関数で計算した結果である．図4.17は，図4.16で使用している関数を数式表示させたものである．

四分位点を求める方法には2.1.2項で述べたヒンジ法とは別にいくつかあり，Excelには，QUARTILE.INC関数 (またはQUARTILE関数[13]) で求める方法と，QUARTILE.EXC関数で求める方法がある．2つの関数では計算方法の違いから，第1四分位点・第3四分位点の値が異なっており，QUARTILE.EXC関数の計算

[12] 箱から箱の長さの1.5倍を超えて離れた点 (外れ値) を白丸の点で描き，外れ値ではないものの最大値と最小値まで箱からひげを描く．詳細は2.1.2項にある．

[13] QUARTILE.INCとQUARTILE.EXCは，Office 2010以降で使える関数である．QUARTILEはその前からある関数だが，今後のバージョンアップで使えなくなる可能性がある．

| | M | N | O | P | Q |
|---|---|---|---|---|---|
| 16 | | 12月1日 | | | |
| 17 | | QAURTILE | QAURTILE.INC | QAURTILE.EXC | その他の関数 |
| 18 | 最大値(第4四分位点) | 9.50 | 9.50 | #NUM! | 9.50 |
| 19 | 第3四分位点 | 5.60 | 5.60 | 5.75 | |
| 20 | 中央値(第2四分位点) | 2.80 | 2.80 | 2.80 | 2.80 |
| 21 | 第1四分位点 | 1.05 | 1.05 | 0.93 | |
| 22 | 最小値(第0四分位点) | -1.70 | -1.70 | #NUM! | -1.70 |
| 23 | 平均値 | | | | 3.36 |

**図 4.16**　箱ひげ図のデータラベルの値を求める関数出力結果

| | M | N | O | P | Q |
|---|---|---|---|---|---|
| 16 | | 12月1日 | | | |
| 17 | | QAURTILE | QAURTILE.INC | QAURTILE.EXC | その他の関数 |
| 18 | 最大値(第4四分位点) | =QUARTILE($D$3:$D$32,4) | =QUARTILE.INC($D$3:$D$32,4) | =QUARTILE.EXC($D$3:$D$32,4) | =MAX(D3:D32) |
| 19 | 第3四分位点 | =QUARTILE($D$3:$D$32,3) | =QUARTILE.INC($D$3:$D$32,3) | =QUARTILE.EXC($D$3:$D$32,3) | |
| 20 | 中央値(第2四分位点) | =QUARTILE($D$3:$D$32,2) | =QUARTILE.INC($D$3:$D$32,2) | =QUARTILE.EXC($D$3:$D$32,2) | =MEDIAN(D3:D32) |
| 21 | 第1四分位点 | =QUARTILE($D$3:$D$32,1) | =QUARTILE.INC($D$3:$D$32,1) | =QUARTILE.EXC($D$3:$D$32,1) | |
| 22 | 最小値(第0四分位点) | =QUARTILE($D$3:$D$32,0) | =QUARTILE.INC($D$3:$D$32,0) | =QUARTILE.EXC($D$3:$D$32,0) | =MIN(D3:D32) |
| 23 | 平均値 | | | | =AVERAGE(D3:D32) |

**図 4.17**　箱ひげ図のデータラベルの値を求める関数表示

方法では，第 0 四分位点，第 4 四分位点を求めることができないため，関数を実行するとエラー「#NUM!」[14] が生じる．

図 4.18 は，甲府の毎年の 12 月 1 日最低気温データに対する QUARTILE.INC 関数 (または QUARTILE 関数) の計算方法に基づくデータラベルの値を表示する箱ひげ図であり，図 4.19 は，同じデータに対する QUARTILE.EXC 関数の計算方法に基づくデータラベルの値を表示する箱ひげ図である．

2 つの計算方法に基づくデータラベルの値表示の切り替え操作は，箱ひげ図の箱の内部 (何もない部分) を指定し，右クリックして開いたメニューの中の「データ系列の書式設定」を選択し，右側に開いた作業ウィンドウの中の「系列のオプション」にある「四分位数計算」で，「包括的な中央値」を選択すると QUARTILE.INC 関数による計算方法を使ったデータラベルの値になり，「排他的な中央値」を選択すると QUARTILE.EXC 関数による計算方法を使ったデータラベルの値に切り替わる．

[14] 関数の引数に入れる値がおかしい場合に出るエラー．この場合は QUARTILE.EXC が 0 と 4 には対応していないために生じる．

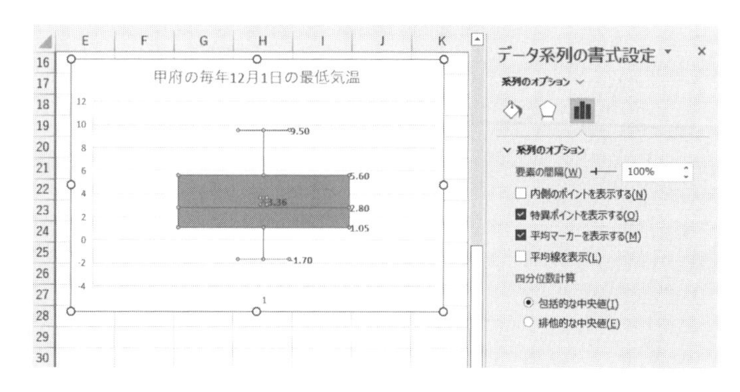


**図 4.18**　箱ひげ図のデータラベルの値 (包括的な中央値)

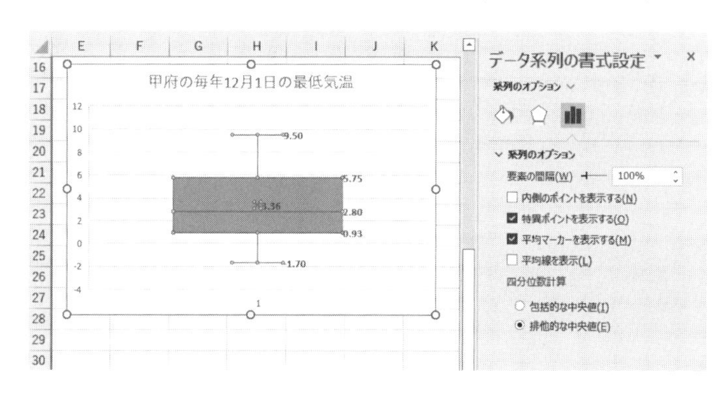


**図 4.19**　箱ひげ図のデータラベルの値 (排他的な中央値)

## 4.2　散布図と相関係数・回帰直線

ここでは，2.2.1 項と同様に山梨県甲府市の最高気温と飲料支出金額のデータを使い，2 変量データの関係を捕捉するために適している散布図の作成・回帰直線の追加，相関係数の計算などの方法を学ぶ.

### 4.2.1　データの取得

#### 4.2.1.1　気象庁のウェブサイトからのデータ入手

まず，甲府の日最高気温の平均データを，気象庁のウェブサイト[15] から入手する.

---
15) https://www.data.jma.go.jp/gmd/risk/obsdl/index.php

気象庁サイト内で，以下のようにダウンロードページへ移動する (前節と同じ).

1. 「気象庁ウェブサイト」にいく.
2. 「ホーム」[16]をクリックする.
3. 「各種データ・資料」をクリックする.
4. 「気象」のリストにある「過去の地点気象データ・ダウンロード」をクリックする.

たどり着いたダウンロードページで，以下のようにしてデータを入手する (前節に似ているが後半が違うので注意する).

1. 検索条件「地点を選ぶ」で日本全国都道府県別地図から山梨県をクリックする．すると，山梨県に一瞬囲みが付き，山梨県全地点地図に移動する.
2. 「検索条件」の「地点を選ぶ」の，山梨県全地点地図から「甲府」をクリックして選択する．すると，甲府に ✓ が付く.
3. 検索条件「項目を選ぶ」で「データの種類」の「月別値」を選択する.
4. すぐ下にある項目の「気温」にある「日最高気温の月平均」を ☑する.
5. 検索条件「期間を選ぶ」で「連続した期間で表示する」を選択する.
6. 期間を「2021 年 1 月から 2021 年 12 月」と設定する.
7. 「CSV ファイルをダウンロード」(右側のオレンジ色のボタン) をクリックする.
8. ダウンロードが開始され，終了すると CSV ファイル「data.csv」がダウンロードフォルダ[17]に保存される.

#### 4.2.1.2 e-Stat サイトからのデータ入手

甲府市における二人以上の世帯の飲料支出金額は，日本の統計が閲覧できる政府統計ポータルサイトである「e-Stat」のウェブサイト[18]で公開されている総務省の「家計調査」から，以下に示す手順で入手する.

1. e-Stat のウェブサイトへいく.

---

[16] 検索サイトから訪れると必ずしもトップページとは限らないので，あらためて「ホーム」に移動している.

[17] 正確なダウンロード先は前節の説明を参照.

[18] e-Stat 政府統計の総合窓口：`https://www.e-stat.go.jp/`

2. 「統計データを探す」のうち「分野」をクリックする.
3. 「企業・家計・経済」の「主な調査」にある「家計調査」をクリックする.
4. 左にある「データ種別」のうち「データベース」をクリックする.
5. 「家計調査」にあるただ1つの項目である「家計調査」をクリックし，展開する.
6. 「家計収支編」の中の「二人以上の世帯」にある「月次」をクリックする.
7. 「010 品目分類（2020年改定）（総数：金額）」の「DB」をクリックする.
8. 左にある「表示項目選択」をクリックし，展開する.
9. 「2/5 品目分類（2020年改定）」にある「項目を選択」をクリックする.
10. ポップアップしたダイアログ「表示項目の設定」で,「全解除」をクリックする.
11. 同ダイアログ内で下にスクロールし,「1.10 飲料」を☑して，ダイアログ下部にある「確定」をクリックする.
12. 戻った「表示項目選択」で「3/5 世帯区分」の「項目を選択」をクリックする.
13. ポップアップしたダイアログ「表示項目の設定」で,「全解除」をクリックする.
14. 「二人以上の世帯（2000年～）」に☑して「確定」をクリックする.
15. 戻った「表示項目選択」で「4/5 地域区分」の「項目を選択」をクリックする.
16. ポップアップしたダイアログ「表示項目の設定」で,「全解除」をクリックする.
17. 同ダイアログ内で下にスクロールし,「19201 甲府市」を☑して，ダイアログ下部にある「確定」をクリックする.
18. 戻った「表示項目選択」で「5/5 時間軸（月次）」の「項目を選択」をクリックする.
19. ポップアップしたダイアログ「表示項目の設定」で,「全解除」をクリックする.
20. 同ダイアログ内で下にスクロールし，対象年月である「2021年1月」から「2021 年 12 月」までをすべて☑して，ダイアログ下部にある「確定」をクリックする．

21. 戻った「表示項目選択」で下部にある「確定」をクリックする．
22. ここまでが正しく設定されていれば 12 個のデータが表示されているので，右上にある「ダウンロード」をクリックする．
23. ポップアップしたダイアログ「表ダウンロード」で必要に応じてダウンロード設定を変更し[19]，下部にある「ダウンロード」をクリックする．
24. 対象ファイル名 (今操作している日時時刻によってファイル名は変わる．たとえば「`FEH_00200561_220823184637.csv`」) がリストされるので，右側にある「ダウンロード」をクリックする．
25. CSV ファイルがダウンロードフォルダに保存される．

#### 4.2.1.3 取得データファイルのデータの加工・編集

取得した 2 つのデータファイル (甲府の日最高気温の平均，甲府市の二人以上の世帯の飲料支出金額) の各データを編集・加工・整形し，1 つの Excel シートの表にまとめる (図 4.20)．

| | A | B | C |
|---|---|---|---|
| 1 | 2021年甲府市 | | |
| 2 | | 平均最高気温 | 飲料支出金額 |
| 3 | 1月 | 9.4 | 4,784 |
| 4 | 2月 | 14.1 | 5,234 |
| 5 | 3月 | 18.2 | 5,091 |
| 6 | 4月 | 21.2 | 5,769 |
| 7 | 5月 | 25.4 | 5,937 |
| 8 | 6月 | 28.5 | 6,304 |
| 9 | 7月 | 31.8 | 6,262 |
| 10 | 8月 | 32.4 | 6,269 |
| 11 | 9月 | 27.7 | 4,946 |
| 12 | 10月 | 23.3 | 5,562 |
| 13 | 11月 | 17.7 | 5,156 |
| 14 | 12月 | 11.9 | 4,993 |

**図 4.20** 甲府市月別最高気温と飲料支出金額データの整形

[19] ファイル形式は「Excel でのご利用向け」とあるものを選ぶのが無難である．

## 4.2.2　散布図の作成と回帰直線の追加

### 4.2.2.1　散布図の作成

グラフ化の対象データ範囲として，最初に甲府市の最高気温と飲料支出金額があるセル範囲 B3:C14 を選択する．

「挿入」タブの「グラフ」リボンの中にある，グラフの種類「散布図 (X, Y) またはバブルチャートの挿入 (散布図)」を選択すると，グラフが自動生成される (図 4.21).

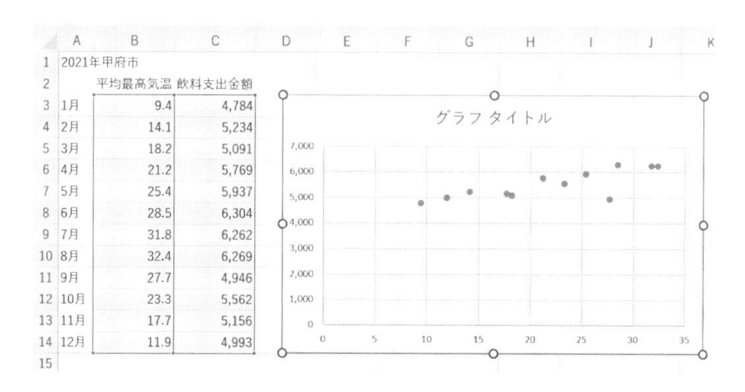

| | A | B | C |
|---|---|---|---|
| 1 | 2021年甲府市 | | |
| 2 | | 平均最高気温 | 飲料支出金額 |
| 3 | 1月 | 9.4 | 4,784 |
| 4 | 2月 | 14.1 | 5,234 |
| 5 | 3月 | 18.2 | 5,091 |
| 6 | 4月 | 21.2 | 5,769 |
| 7 | 5月 | 25.4 | 5,937 |
| 8 | 6月 | 28.5 | 6,304 |
| 9 | 7月 | 31.8 | 6,262 |
| 10 | 8月 | 32.4 | 6,269 |
| 11 | 9月 | 27.7 | 4,946 |
| 12 | 10月 | 23.3 | 5,562 |
| 13 | 11月 | 17.7 | 5,156 |
| 14 | 12月 | 11.9 | 4,993 |
| 15 | | | |



**図 4.21**　甲府市最高気温と飲料支出金額の散布図自動生成

図 4.22 のとおりにグラフタイトルの修正，軸のラベルの追加・修正を行う．

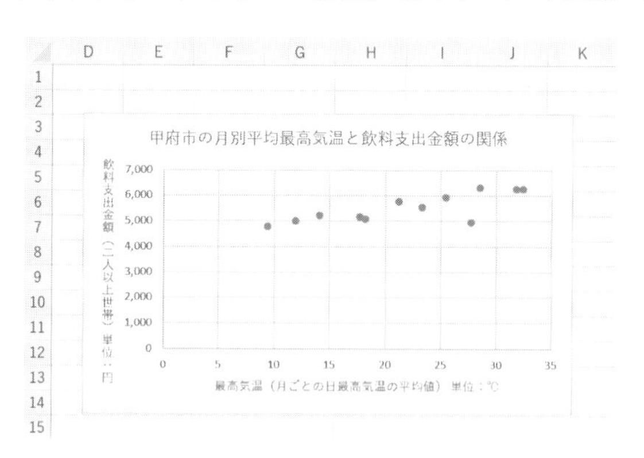


**図 4.22**　甲府市最高気温と飲料支出金額の散布図修正

**グラフタイトルの修正**

グラフタイトルを「甲府市の月別平均最高気温と飲料支出金額の関係」に修正する.

**軸ラベルの追加と修正と縦軸ラベルの縦書きへの変更**

グラフ内の何もないエリアをクリックすると，グラフの右上にグラフ要素ボタン (⊞) が現れる．このボタンをクリックして軸ラベルに☑し，軸ラベルを表示させる．横軸のラベルを「最高気温 (月ごとの日最高気温の平均値) 単位：℃」に，縦軸のラベルを「飲料支出金額 (二人以上世帯) 単位：円」に修正する.

縦軸のラベルを選択し，右クリックをすると出てくるメニューから「軸ラベルの書式設定」を選択し，右側に表示された作業ウィンドウの中で「文字のオプション」と「テキストボックス」ボタンをクリックする．テキストボックスメニューにある「文字列の方向」を「縦書き」に変更し，右上の「×」ボタンをクリックして作業ウィンドウを閉じる.

### 4.2.2.2 散布図へのデータラベルの追加

図 4.22 の散布図では，どの点が何月を表しているのかがわからないのでデータに「ラベル」をつける．散布図のどれか 1 つの点を選んで右クリックするとメニューが表示される．その中から「データラベルの追加」を選んでクリックすると，各点に縦軸の値 (「6304」など) がラベル付けされる．次にこれを月の名前に変更するため，このラベル (「6304」のような数値) の 1 つを選んで右クリックすると「データラベルの書式設定」作業ウィンドウが表示される．そこで「データラベルオプション」の「ラベルの内容」にある「セルの値」を☑すると，「データラベル範囲」ダイアログウィンドウが表示されるので，そこに月の名前が入っているセル範囲 `A3:A14` を指定して OK する．「Y 値」の☑のチェックを外し，右上の「×」ボタンをクリックして作業ウィンドウを閉じる (図 4.23).

データラベルが重なって見づらいときには，散布図を拡大するためにグラフエリアのハンドル[20] を使い，上下，左右にドラッグしてプロットされている点の間隔を広げるか，データラベルをクリックすると表示される個々のデータラベルの枠をドラッグし適当な位置まで移動して調整するとよい.

---

20) 四隅と上下左右の真ん中にあるサイズを変更するときにドラッグする小さなアイコン.

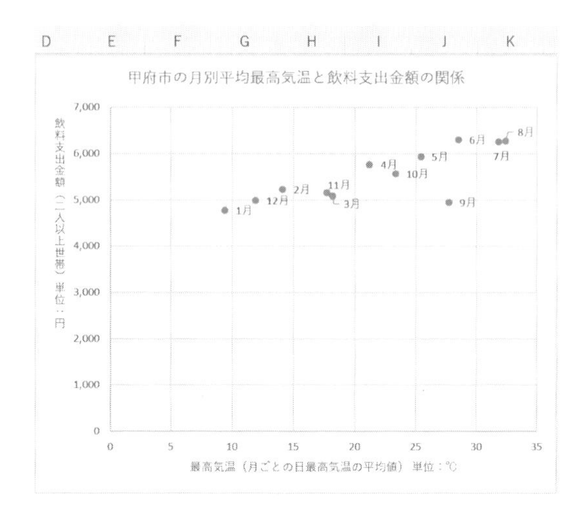


**図 4.23**　甲府市最高気温と飲料支出金額の散布図データラベル

散布図は2つの量の関係を視覚的に調べるのに適した図である．図4.23においても，大雑把には甲府市の最高気温が上昇すると飲料支出金額も増加している，プロットされている点が右やや上に向かっている傾向があることが読み取れる．散布図の詳細については2.2.2項にある．

### 4.2.2.3　散布図への回帰直線の追加

図4.23の散布図のどれか1つの点を選んで右クリックするとメニューが表示される．「近似曲線の追加」を選んで左クリックすると，図4.24のように線形近似として回帰直線が描かれて，画面右側に「近似曲線の書式設定」作業ウィンドウが表示される．その中の「近似曲線のオプション」の下方にある「グラフに数式を表示する」を☑すると回帰式が表示される．

回帰直線を求めることは，散布図で読みとれる傾向をより明確にするための手段である．図4.24における回帰直線は $y = 58.944x + 4240.6$ である．ここで変数 $x$ は，甲府市の2021年の月平均最高気温 (セル範囲 `B3:B14`) であり，変数 $y$ は，甲府市の2021年の月別飲料支出金額 (セル範囲 `C3:C14`) である．この式は2つの変数の間に直線の関係があるとみなし，その回帰直線として求められた結果である．回帰直線を求めることは，回帰分析の基礎となることでもある．回帰直線については2.3節に詳細がある．

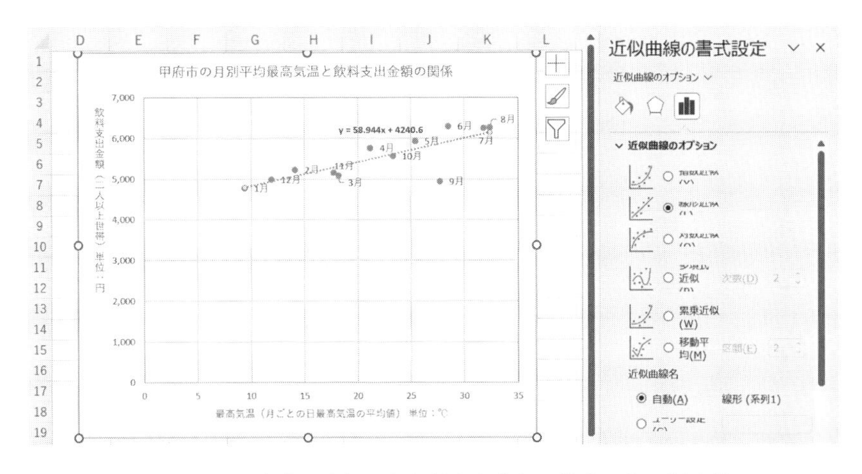


図 4.24 甲府市最高気温と飲料支出金額の散布図と回帰直線

## 4.2.3 相関係数などの統計量の算出

2.2 節で述べられているとおり，相関係数とは 2 つの量の直線的な関係の強さを表す指標である．また，2 つの量に対する変数を $X, Y$ とするときに，相関係数は $X$ と $Y$ の共分散を分子に，$X$ の標準偏差と $Y$ の標準偏差の積を分母にした式を計算することで求めることができる．

ここでは 2 つの量 (甲府市の 2021 年の月平均最高気温 $X$ と月別飲料支出金額 $Y$) に関する共分散，相関係数の求め方として，分析ツールおよび関数や式を使用する方法について学習する．共分散，相関係数などのより詳細な説明については 2.2.3 項にある．

### 4.2.3.1 分析ツールを使用する方法

**共分散の計算**

「データ」タブの「データ分析」を選択すると，「データ分析」ダイアログが表示されるので，「共分散」を選択し，OK する．「共分散」ダイアログの，「入力範囲」で入力範囲 (たとえば`$B$2:$C$14`) を選択し，必要に応じて「先頭行をラベルとして使用する」を ☑ し，「出力先オプション」で「出力先」を選び，出力範囲を入力 (たとえば`$M$2`) し，OK する．

### 相関係数の計算

「データ」タブの「データ分析」を選択すると,「データ分析」ダイアログが表示されるので,「相関」を選択し, OK する.「相関」ダイアログの,「入力範囲」で入力範囲 (たとえば`$B$2:$C$14`) を選択し, 必要に応じて「先頭行をラベルとして使用する」を☑し,「出力先オプション」で「出力先」を選び, 出力範囲を入力 (たとえば`$M$7`) し, OK する. 以上の操作によって図 4.25 のような出力結果が得られる. 図 4.25 において, セル `N4` の値が共分散で, セル `N9` の値が相関係数である.

| | M | N | O |
|---|---|---|---|
| 1 | 共分散（分析ツール） | | |
| 2 | | 平均最高気温 | 飲料支出金額 |
| 3 | 平均最高気温 | 54.0383333 | |
| 4 | 飲料支出金額 | 3185.25833 | 292561.2431 |
| 5 | | | |
| 6 | 相関係数（分析ツール） | | |
| 7 | | 平均最高気温 | 飲料支出金額 |
| 8 | 平均最高気温 | 1 | |
| 9 | 飲料支出金額 | 0.80109734 | 1 |

**図 4.25**　共分散と相関係数 (分析ツールによる出力結果)

#### 4.2.3.2　関数を使用する方法

ここでは, Excel の関数を使って求めた共分散と相関係数が, 前述した分析ツールで求めたもの, 2.2.3 項で示した式から計算したものと一致することを確認する. 表 4.2 に, ここで使用する関数を示す.

**表 4.2**　標準偏差, 共分散, 相関係数を計算する関数[21)]

| 統計量 | 関数 |
|---|---|
| 標準偏差 | `=STDEV.P(`**セル範囲**`)` |
| 共分散 | `=COVARIANCE.P(X`**のセル範囲**`,Y`**のセル範囲**`)` |
| 相関係数 | `=CORREL(X`**のセル範囲**`,Y`**のセル範囲**`)` |

[21)] 基本統計量を求めた 4.1.2.3 では標準偏差に `STDEV.S` 関数を用いていたが, ここでは `STDEV.P` を用いている. これは, 分析ツールで算出される共分散が `COVARIANCE.P` に相当しており, そこから相関係数を求めるためには, `STDEV.P` で定義される標準偏差を必要とするからである. なお, 相関係数は `STDEV.S` と `COVARIANCE.S` の組み合わせから計算しても同じ結果になる.

図 4.26 (入力した関数は図 4.27) で示すように，分析ツールで求めた共分散の値は，COVARIANCE.P 関数 (または COVAR 関数[22]) で求めた値と一致する．さらに，COVARIANCE.P 関数を使って $X, Y$ の共分散を求め，STDEV.P 関数を使って $X$ の標準偏差と $Y$ の標準偏差を求めてから，それぞれの値を使って，相関係数 = ($X$ と $Y$ の共分散)/($X$ の標準偏差 × $Y$ の標準偏差) の式で求めた値，分析ツールで求めた値，CORREL 関数で求めた値のそれぞれは等しくなることがわかる．

ここで算出した甲府市の 2021 年の月平均最高気温 $X$ と月別飲料支出金額 $Y$ の相関係数は，約 0.80 であるため，2 つの量には強い正の相関があるといえる．

| | M | N | O | P | Q | R | S | T |
|---|---|---|---|---|---|---|---|---|
| 11 | 関数や式による計算 | | | | | | | |
| 12 | | | | | (共分散=) | 3185.25833 | | |
| 13 | 相関係数(式) | 0.80109734 | = | (Xの標準偏差=) | 7.351077 | × | (Yの標準偏差=) | 540.8893 |
| 14 | | | | | | | | |
| 15 | 相関係数(関数) | 0.80109734 | | | | | | |
| 16 | | | | | | | | |

**図 4.26**　共分散と相関係数 (式と関数による出力結果)

| | M | N | O | P | Q | R | S | T |
|---|---|---|---|---|---|---|---|---|
| 11 | 関数や式による計算 | | | | | | | |
| 12 | | | | | (共分散=) | =COVARIANCE.P($B$3:$B$14,$C$3:$C$14) | | |
| 13 | 相関係数(式) | =R12/(Q13*T13) | = | (Xの標準偏差=) | =STDEV.P($B$3:$B$14) | × | (Yの標準偏差=) | =STDEV.P($C$3:$C$14) |
| 14 | | | | | | | | |
| 15 | 相関係数(関数) | =CORREL($B$3:$B$14,$C$3:$C$14) | | | | | | |
| 16 | | | | | | | | |

**図 4.27**　共分散と相関係数 (式と関数による数式表示)

## 4.3 Excel やオープンデータ公開方法の変化

本章で使用しているマイクロソフト社の表計算ソフトウェアである「Excel」は，2023 年 2 月時点での Microsoft 365 のものである．Excel は，1985 年の登場以来，更新を続けているソフトウェアである．そのため，新しい機能や関数が追加され続けており，本章で扱った QUARTILE 関数は，執筆時点で互換確認ができる最も古いバージョンである「Excel 97」ですでに存在していた関数で

[22] QUARTILE と同様で，古い Excel から使われている関数である．いまの Excel で .S と .P の 2 種類が存在している関数は，古い関数が .P に相当することが多い．

あるが，Office 2010 (Excel 2010) で，より計算精度を増した `QUARTILE.INC` 関数が実装されている．計算方法の違う `QUARTILE.EXC` 関数が同時実装されたため，将来的には `QUARTILE` 関数という名前の関数は廃止される可能性もある．このため，`QUARTILE` 関数を使っている資料があっても，近い未来には「Excelにはこんな関数はない！」となってしまうことになりかねないのである[23)]．また，関数の使い方自体が変わってしまう可能性もある．たとえば，4.1.3.2で使った `FREQUENCY` 関数は，隣接したセルにも出力が行われるスピルという機能が実装されてからの使い方で記述している．この機能は，2019年にOffice 365のExcelへ実装されたもので，それ以前のExcelで `FREQUENCY` 関数を使う場合は，配列数式として入力[24)] する必要があり，近年大きく使い方が変わった関数の1つである．そのため，計算結果や挙動が本書と違うと感じることがあれば，ネットなどから最新の情報を探すことをしてほしい．

また，本章に記述したオープンデータのダウンロード方法も，公開されている気象庁やe-Statの執筆時点での手順であり，ウェブページの刷新などで入手までの操作方法が変わることがあることは注意してほしい[25)]．

---

23) 一番厄介なのは，同じ関数名なのに計算結果が違う場合である．

24) [Ctrl] キー・[Shift] キー・[Enter] キーを同時に押下して入力する．

25) このような点が，進化の速い情報分野で，古い教科書が役に立たなくなりやすい原因の1つである．

# 5 データサイエンス教育と社会への応用事例

本章では，第 1 章で述べたデータサイエンスの社会への必要性に対し，非常に重要な施策となる人材育成，ひいては各種学校におけるデータサイエンス教育の策定について述べる．次いで，第 3 章のさまざまデータサイエンスの手法が，社会での各分野で実際にどのように取り込まれているのかの事例を紹介する．

## 5.1 国家戦略

この節では，現在の国の AI 戦略の土台である「AI 戦略 2019」の解説をする．まずはじめに，AI 戦略 2019 に至った経緯を説明する．次に，その内容について触れる．さらに，この「AI 戦略 2019」の理念の 1 つとして掲げられた数理・データサイエンス・AI 教育を説明する．数理・データサイエンス・AI 教育のリテラシーレベルの習得はすべての大学・高専の育成目標となっている．

### 5.1.1 AI 戦略 2019 に至った経緯

文部科学省は 2017 年に「超スマート社会における情報教育の在り方に関する調査研究」を行い，その結果が報告書として公開された[1]．この調査は，情報処理学会が 10 年ごとに策定してきたカリキュラム標準の内容を更新し，2017 年度版のカリキュラム標準「J17」を策定する目的で行われた．その内容は，高等教育機関における情報学の専門教育の現状，国際的な動向，新たなカリキュラム標準に対する産業界の要望などについての調査である．

---

[1] 「超スマート社会における情報教育の在り方に関する調査研究」報告書
https://www.mext.go.jp/a_menu/koutou/itaku/1386892.htm

その中の情報学分野の大学教育に関する現状調査の全体を図5.1に示す．本書の内容は，「一般情報教育」に属している．一般情報教育の項目を表5.1(a)に示す．この項目の1, 3, 6, 7, 8については本書の内容にも関連が深いものである．報告書では，7, 8, 9に教育の重点が置かれていることが述べられている．

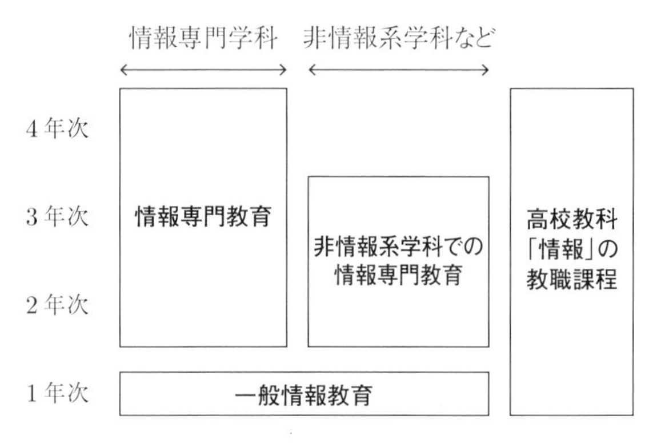


**図5.1**　大学における4種類の情報教育

次に，カリキュラム標準について説明する．情報処理学会が2007年度に公表したカリキュラム標準「J07」[2)]は，世界標準である米国のカリキュラムを土台として，日本の情報専門教育の状況に対応した見直しを行ったものであった．内容は，「コンピュータ科学」，「情報システム」，「ソフトウェアエンジニアリング」，「コンピュータエンジニアリング」，「インフォメーションテクノロジ」の5つの情報専門教育の分野に，「一般情報教育」を加えた6カリキュラム標準からなっていた．J07の策定から10年が経過し技術の内容が大きく変化したことを踏まえ，同学会は，「超スマート社会における情報教育の在り方に関する調査研究」報告書に基づいて全面的な見直しを行い，J17として公表した[3)]．J17は，従来からの6カリキュラム標準に加えて，世の動きに合わせて2つの発展中の対象領域「情報セキュリティ」，「データサイエンス」についてもカリキュラム

---

2) 情報処理学会「カリキュラム標準 J07」
`https://www.ipsj.or.jp/annai/committee/education/j07/curriculum_j07.html`

3) 情報処理学会「カリキュラム標準 J17」
`https://www.ipsj.or.jp/annai/committee/education/j07/curriculum_j17.html`

**表 5.1**　一般情報教育の項目 (a) と，J17 の一般情報教育の知識体系の構成 (b)．一般情報教育の項目に対して，J17 の一般情報教育の知識体系の構成では，「モデル化とシミュレーション」，「人工知能 (AI) とデータ科学」が加わっている．

(a)

| 項目名 |
|---|
| 1　データモデリングと操作 |
| 2　アルゴリズムとプログラミグ |
| 3　情報とコミュニケーション |
| 4　情報システム |
| 5　コンピューティングの要素と構成 |
| 6　情報のディジタル化 |
| 7　情報ネットワーク |
| 8　情報倫理とセキュリティ |
| 9　コンピュータリテラシー |

(b)

| 項目名 |
|---|
| 科目ガイダンス |
| データベースとデータモデリング |
| アルゴリズムとプログラミグ |
| 情報とコミュニケーション |
| 情報システム |
| 社会と情報システム |
| コンピューティングの要素と構成 |
| 情報のディジタル化 |
| 情報ネットワーク |
| 情報倫理 |
| 情報セキュリティ |
| アカデミック ICT リテラシー |
| モデル化とシミュレーション |
| 人工知能 (AI) とデータ科学 |

標準をおく方針が立てられた．ここに，J17 における「一般情報教育」の知識体系の構成を表 5.1(b) に示す．

「超スマート社会における情報教育の在り方に関する調査研究」報告書の項目を踏襲した部分と，「モデル化とシミュレーション」，「人工知能 (AI) とデータ科学」のように付け加えられた項目があることがわかる．また，J17 においてはじめて分野として「データサイエンス」と「一般情報教育」の知識体系の項目として「人工知能 (AI)」の学習内容が提示された．この 2 項目は，その後の国家戦略「AI 戦略 2019」において中核を担うことになる．

一方，産業界の要望に目を向けると，IT 人材と AI 人材の不足が懸念されている[4]．予測される人材の需要と供給のギャップを表 5.2 に示す．経済産業省は「情報サービス業や IT ソフトウェア・サービスの提供事業に従事する人」を IT 人材と定義している．ここで IT とは「情報技術」のことで，コンピュータやデータ通信に関する技術の総称である．一方，AI 人材については，経済産業省

[4] 経済産業省「新たなイノベーション・エコシステムの検討課題」
`https://www.meti.go.jp/shingikai/sankoshin/sangyo_gijutsu/kenkyu_innovation/015.html`

表5.2　企業における AI/IT 人材の不足

| | | 2018年 | 2025年 | 2030年 |
|---|---|---|---|---|
| **IT人材** | 需要 | 125万人 | 147万人 | 158万人 |
| | 供給 | 103万人 | 111万人 | 113万人 |
| | 需給ギャップ | 22万人 | 36万人 | 45万人 |
| **AI人材** | 需要 | 4.4万人 | 16.7万人 | 24.3万人 |
| | 供給 | 1.1万人 | 7.9万人 | 12.0万人 |
| | 需給ギャップ | 4.3万人 | 8.8万人 | 12.4万人 |

第15回 産業構造審議会 産業技術環境分科会 研究開発・イノベーション小委員会
「資料3　新たなイノベーション・エコシステムの検討課題」より作成

からの明確な定義の提示はみあたらず，近年ではAI・データサイエンス人材とよぶ傾向にある．いずれにしても，日本において2030年にはAI人材が10万人以上不足すると考えられている．また，ITやAIを使って経済活動や社会活動の仕組みを整備したとしても，それを使いこなせる人材がいなければ，経済・社会の発展にはつながらない．そこで，「AIなどを使いこなし，新ビジネスを創造する新たな人材」であるAI活用人材，本書でデータサイエンティストと定義する人材が社会全体で求められている．

このような状況を踏まえて政府(内閣府)は「AI戦略2019」[5)]を策定し，人材育成を目標の1つに掲げている．

### 5.1.2　「AI戦略2019」の概要

この節では，政府が2019年6月に策定した「AI戦略2019」の内容を説明する．

まず，「AI戦略2019」の基本的な考え方として，以下を掲げている．

- 「人間尊重」，「多様性」，「持続可能」の3つの理念を掲げ，Society 5.0を実現し，SDGsに貢献
- 3つの理念を実装する，4つの戦略目標(人材，産業競争力，技術体系，国際)を設定
- 目標の達成に向けて，「未来への基盤作り」，「産業・社会の基盤作り」，「倫理」に関する取組を設定

[5)] 内閣府「AI戦略」`https://www8.cao.go.jp/cstp/ai/index.html`

3つの理念は，政府が同年3月に策定した「人間中心のAI社会原則」の中で，「日本が目指すべき社会の姿，多国間の枠組み，国や地方の行政府が目指すべき方向」として示されたものである．3つの理念を実装する4つの戦略目標は以下のように説明されている[6]．

**人材** 人口比において最もAI時代に対応した人材を育成・吸引する国となり，持続的に実現する仕組みを構築

**産業競争力** 実世界産業においてAI化を促進し，世界のトップランナーの地位を確保

**技術体系** 理念を実現するための一連の技術体系を確立し，運用するための仕組みを実現

**国際** 国際的AI研究・教育・社会基盤ネットワークの構築

この目標を達成するための取り組みの1つとして掲げられた「未来への基盤作り」の中に「教育改革」があり，本書の内容に深く関わるものとなっている．

AI戦略2019における教育改革では，主な具体的目標を，デジタル社会の「読み・書き・そろばん」である「数理・データサイエンス・AI」の基礎などの必要な力をすべての国民が育み，あらゆる分野で人材が活躍することとしている(図5.2)．この教育改革に向けた主な取り組みの育成目標として，2025年までに大学と高専(高等専門学校)の卒業者全員にあたる年間50万人が数理・データサイエンス・AI教育のリテラシーレベル(初級レベル)を習得することをあげている．

そこで，文部科学省と経済産業省から大学・高専へ示されたのが，「数理・データサイエンス・AI教育プログラム」である．加えて，高校においては教科「情報I」が2022年度入学者より必修となっている．

その後，政府は「AI戦略2021」，「AI戦略2022」を掲げているが，教育改革においては大きな変更はなく，「パンデミックや大規模災害等の差し迫った危機への対処のための取組」が加えられている．

---

6) 内閣府「AI戦略 2019【概要】」
https://www8.cao.go.jp/cstp/ai/suuri/r1_1kai/sanko2.pdf

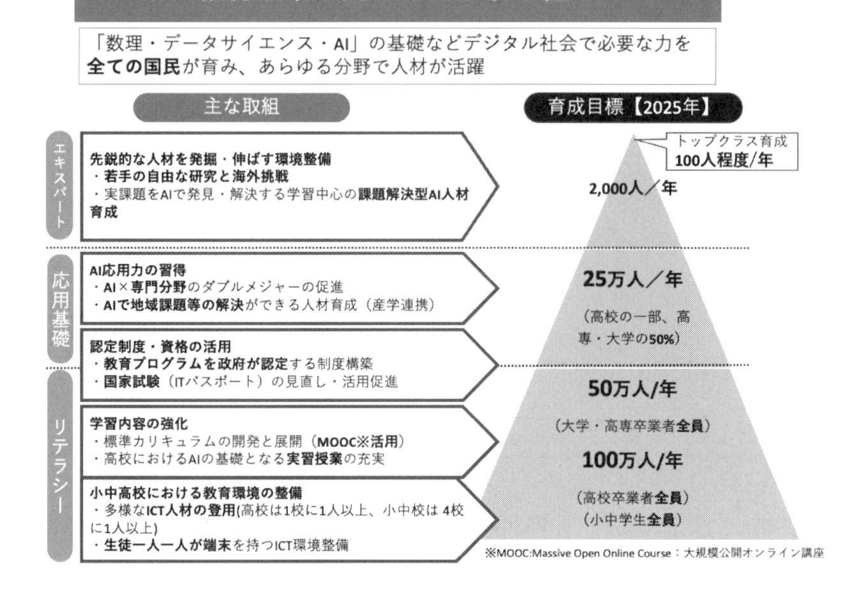


図 5.2 教育改革に向けた主な取り組み
出所：内閣府「AI 戦略 2019【概要】」
https://www8.cao.go.jp/cstp/ai/suuri/r1_1kai/sanko2.pdf

### 5.1.3 数理・データサイエンス・AI 教育プログラム

数理・データサイエンス・AI 教育プログラム (MDASH [7]) は，政府の AI 戦略 2019 を受けて，文部科学省と経済産業省が 2019 年度に大学・高専に向けて打ち出し，推進している教育プログラムである．文理を問わず，すべての大学・高専生 (約 50 万人卒/年) が，リテラシーレベル (初級レベル) の数理・データサイエンス・AI 教育課程を習得することを具体的な目標に掲げている．これを受けて，全国の大学でデータサイエンス教育の充実が進められている．本書は，そうしたデータサイエンス教育の入門書的な役割を担うことを意図して制作された．

文理を問わず全国すべての高等教育機関 (大学・短大・高専・専門学校) の学生が，数理・データサイエンス・AI を習得できるような教育体制の構築・普及

[7] Approved Program for Mathematics, Data science and AI Smart Higher Education

を目指し設立された「数理・データサイエンス・AI 教育強化拠点コンソーシアム」[8]では，数理・データサイエンス・AI 教育プログラムのモデルカリキュラムを取りまとめて公開している．ここでは，本書の内容に関わりが深い「数理・データサイエンス・AI (リテラシーレベル) モデルカリキュラム」の説明をする．このモデルカリキュラムの内容は，「導入」，「基礎」，「心得」，「選択」の 4 つの項目から構成されている (図 5.3)．その 4 つはそれぞれ以下のような項目名がつけられ，図 5.3 のような細目から構成されている．

1. 社会におけるデータ・AI の利活用
2. データリテラシー
3. データ・AI 利活用における留意事項
4. オプション

| 区分 | 項目 | 細目 | 細目 |
| --- | --- | --- | --- |
| 導入 | 1. 社会におけるデータ・AIの利活用 | 1-1. 社会で起きている変化 | 1-2. 社会で活用されているデータ |
| | | 1-3. データ・AIの活用領域 | 1-4. データ・AI利活用のための技術 |
| | | 1-5. データ・AI利活用の現場 | 1-6. データ・AI利活用の最新動向 |
| 基礎 | 2. データリテラシー | 2-1. データを読む | 2-2. データを説明する |
| | | 2-3. データを扱う | |
| 心得 | 3. データ・AI利活用における留意事項 | 3-1. データ・AIを扱う上での留意事項 | 3-2. データを守る上での留意事項 |
| 選択 | 4. オプション | 4-1. 統計および数理基礎 | 4-2. アルゴリズム基礎 |
| | | 4-3. データ構造とプログラミング基礎 | 4-4. 時系列データ解析 |
| | | 4-5. テキスト解析 | 4-6. 画像解析 |
| | | 4-7. データハンドリング | 4-8. データ活用実践（教師あり学習） |
| | | 4-9. データ活用実践（教師なし学習） | |

**図 5.3** 「数理・データサイエンス・AI (リテラシーレベル) モデルカリキュラム」の内容
出所：数理・データサイエンス教育強化拠点コンソーシアム
「数理・データサイエンス・AI (リテラシーレベル) モデルカリキュラム〜データ思考の涵養〜」
http://www.mi.u-tokyo.ac.jp/consortium/pdf/model_literacy.pdf

[8] 数理・データサイエンス・AI 教育強化拠点コンソーシアム
http://www.mi.u-tokyo.ac.jp/consortium/index.html

「社会におけるデータ・AIの利活用」については，本書の第1章1.1節と第5章の次節以降で記述されている．「データリテラシー」の内容は，本書の第1章1.3節，第2章，第3章，第4章で詳しく解説されている．「データ・AI利活用における留意事項」は第1章1.2節に記載されている．モデルカリキュラムでは，各項目に対する教育方法も示されている(図5.4)．教育方法の特徴として，反転学習，グループワーク・グループディスカッション，実データ(あるいは模擬データ)の活用が望ましいと述べられている．本書が，こうした反転学習，グループワーク・グループディスカッションの手助けになることを期待している．

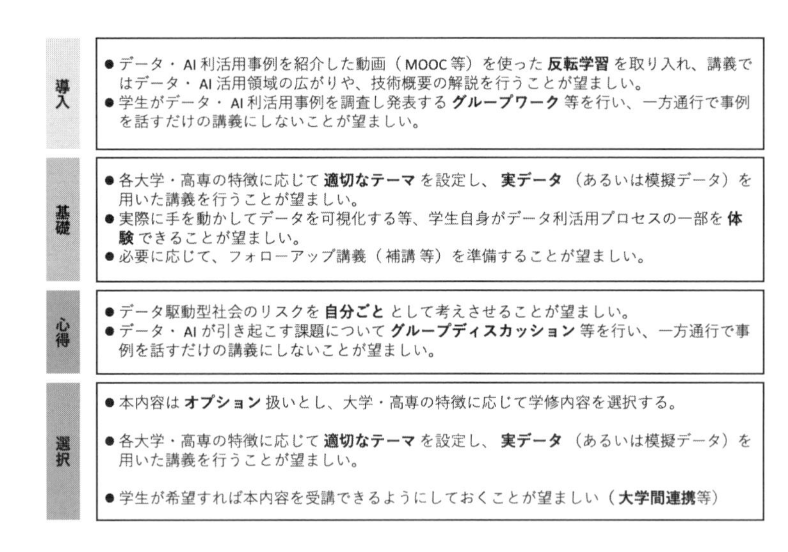


**図5.4**　モデルカリキュラムの教育方法

出所：数理・データサイエンス教育強化拠点コンソーシアム
「数理・データサイエンス・AI (リテラシーレベル) モデルカリキュラム～データ思考の涵養～」
http://www.mi.u-tokyo.ac.jp/consortium/pdf/model_literacy.pdf

## 5.2　行政分野

新しいビジネス分野以外でも，私たちの身の回りにはデジタルデータが溢れている．AIのような最先端といえる応用もあれば，データのデジタル化や，デジタルデータとしての測定の蓄積など，DX (デジタルトランスフォーメーション)[9]への発展の途中にあるものが多種多様に存在している.

ここでは，いわゆる行政分野といわれる，国や地方自治体，ひいては警察，消防，自衛隊などの公共を担う分野でのデータサイエンスに関連する社会への応用を記す.

### 5.2.1 社会基盤整備

多種多様な社会基盤 (インフラ[10]) の整備にもデータサイエンスの手法が取り込まれ，多種多様な測定や計測の結果をデジタル化するべく多くの計測システムが整備されつつある.

さまざまなインフラの整備には正確な地図が必要になる．GPS[11]などの衛星測位技術 (GNSS[12]) により得られる位置は，その計測時点の位置を表している．近年では，センチメータ級測位補強サービス (CLAS[13]) が開始され，高精度単独測位 (PPP[14]) とよばれる技術の進化などにより，簡単に誰もが，数センチメートルの精度でリアルタイムに位置を取得することができる高精度測位が普及しつつある．一方で，測量された地図は基準となる過去の日に基づいた位置で表されている．その更新頻度は，地域差もある上，当然ながらリアルタイムであることはない．日本列島は，いわゆるプレート境界，しかも複数の境界に位置しているため，複雑な地殻変動の影響を常に受けている．そのため，計測点自体が日々変動しており，計測時が違えば違う測位結果を得ることになる．この地図と地殻変動によるずれは，以前の GNSS で得られる測位誤差と比較すると小さかったため大きな問題になることはなかったが，近年，GNSS で得られる位置がより高精度になり，このずれを補正する必要性が大きくなった．そこで，国土地理院では，地図のずれを補正する大規模なシステム「定常時地殻変

---

[9] Digital Transformation. 情報技術が生活の向上に寄与するという 2004 年に提唱された仮説であるが定義があいまいである．経済産業省は「DX 推進ガイドライン」で定義しており，これが日本のビジネス分野で使われることが多い．また DX という略語は英語圏では積極的には使われないようである.

[10] 「Infrastructure」は，さまざまな基盤の意味で使われる．ここでは社会基盤だが，経済基盤，生活基盤，ネットワーク基盤もすべて「インフラ」と称されることが多い.

[11] Global Positioning System は，米国の衛星システムの固有名称である.

[12] Global Navigation Satellite System

[13] Centi-meter Level Augmentation Service

[14] Precise Point Positioning

動補正システム (POS2JGD)」を開発し，提供を開始している．POS2JGD のウェブサイトで補正計算ができるサービスの他，測位結果を補正するパラメータのダウンロード，GNSS 受信機モジュールから補正計算サービスを利用できる WebAPI の提供などが行われ，高精度な位置情報を必要とする，自動車の自動運転，飛ぶ IoT とよばれるドローン (UAV[15]) を活用した物流での利用が見込まれている．ロボット技術などの ICT を活用し省力化・精密化・高品質生産を目指す新たな農業形態である「スマート農業」や，ICT を建設現場に導入し建設生産システム全体の生産性向上を図る取り組みである「i-Construction」などにも高精度な位置情報が活用されている．i-Construction の構想にも，ドローンが活用されており，いままで人力で行っていた多くの測量を，ドローンや地上レーザースキャナによって行い，膨大なデータからの 3 次元データを作成することが可能になっている．また，その 3 次元データや得られた膨大な写真データなどから行う検査や点検には，AI 技術を用いたデータの分析や集約が重要になりつつある．

日本の高度成長期に築かれたインフラの老朽化の問題は大きな課題になっており，補修には迅速な点検が必要である．特に，橋梁，トンネル，水中におけるインフラの維持管理は，重点分野として AI 技術とロボット技術の導入が進められている．また，作業そのものの支援だけでなく，点検結果の「人の判断」の支援が重要であり，インフラ事業者が持つ大量の写真データと，土木技術者による正しい判断の蓄積を教師データとする AI 技術の導入が推進されている．

交通のインフラに目を向けると，都市部においては道路交通の発展に伴い，その構造が複雑化および過密化している現状がある．これが交通渋滞や交通事故の原因の 1 つになっており，これらを所管する警察は，交通管制システムにより効率的な管理を行うことで，交通の安全と円滑の確保を図っている．この警察の交通管制システム「UTMS」[16]では，道路に設置され走行する車両を検知するセンサーなどから得た交通量や走行速度の，大量かつリアルタイムの情報を分析し，状況に即応する信号制御や，道路情報板や光ビーコンを経由して情報提供することで，交通の誘導や分散を行っている．

---

[15] Unmanned Aerial Vehicle

[16] Universal Traffic Management Systems

税務行政のインフラでも AI 技術が応用されている．電子化に関しては，通称「e-Tax」[17] とよばれる国税電子申告・納税システムが，2004 年から運用されている．申請者は，ウェブブラウザからデータの入力を行い，その結果を電子的に提出することができるが，初期のシステムでは源泉徴収票の数値は手動での転記が必要であった．国税庁は，令和 3 年 (2021 年) 分の確定申告から，画像から文字を認識する AI である「AI-OCR」を導入し，スマートフォンなどのカメラで撮影した源泉徴収票をアップロードすることで，この転記を自動化し，確定申告書の作成が能率化されるようになっている．

### 5.2.2 防災対策と災害対応

防災対策や災害対応は，人命にも関わる重要な行政分野である．特に災害時対応では，迅速なデータ収集と判断が求められるが，被災情報など膨大な情報が発生するため，デジタル化の恩恵を大きく受ける．一方で，人命に関わるため，AI 技術を使用する際は，災害対応の判断を AI に委ねることはなく，判断の支援や判断材料の 1 つとして使用されることが多い．

大きな施策としては，内閣府の防災担当部署が，関連する科学技術・イノベーション政策，IT 戦略，宇宙政策などを担当する部局と連携し「防災×テクノロジー」タスクフォースを立ち上げ，新しい技術を防災に取り入れるべく活動している．災害リスクや避難情報の提供についての一例としては，AI 技術を活用した防災チャットボットがあり，スマートフォンを通じて，一人一人の状況を考慮した適切な避難行動を促す情報の提供や，住民などからの現地の災害情報の収集を行えるように，その技術開発や検証実験を行っている．

また，内閣府のデジタル・防災技術ワーキンググループにおいては，土地や建設物の空間的な情報やさまざまなインフラ情報をドローンやセンサーなどにより，リアルタイムでの情報収集と共有を行い，その膨大な情報から，コンピュータ内に現実をシミュレーションした仮想空間を作り出し，被災およびその対応のシミュレーションを行うデジタルツイン (Digital Twin) の活用など，10 年先を見据えた防災技術開発を推し進めている．

日本は複数のプレート境界という立地から地震が多く，過去にも多くの震災

[17] https://www.e-tax.nta.go.jp/

を経験してきている．地震による直接的な災害は発生が瞬間的であるため，被災の現状把握をいかに迅速に行えるかが重要になる．日本では，3,000弱の震度計から構成される震度情報ネットワークシステムが構築されており，震度情報をリアルタイムかつ高密度に把握することで，即時対応できるよう対策されている．これらの震度計は，各自治体，防災科学技術研究所，気象庁により設置されているもので，そこで計測された地震の情報は，インターネットを経由しない広域IPネットワーク（WAN[18]）で集約されるようになっている．この震度情報は，防災科研の地震津波火山ネットワークセンターが運用する陸海統合地震津波火山観測網「Mowlas」[19]で公開され，たとえば，Yahoo! JAPANでは地図情報と重ね合わせることで「リアルタイム震度（強震モニタ）」[20]として，日本全土の震度をいつでもリアルタイムで見ることができるサービスを展開している．

発生が持続的であり，リアルタイムの状況を把握することが重要で，かつ広範囲に被害が及ぶ災害が，台風や大雨による水害である．雨量の把握は，被害が発生する前に人命を救うためにも重要であることはいうまでもないが，大きな雨量になっている場所自体が災害発生地点になりやすいため，有人による測定は困難であった．測定の無人化は重要な課題であったが，近年のネットワークの普及やセンサーの小型化・省電力化によりIoTによる解決が進んでいる．広域的な雨量観測は，レーダーを用いた測定が行われており，国土交通省高性能レーダー雨量計ネットワーク「XRAIN」では，広域的な豪雨や局所的な集中豪雨を高精度・高分解能・高頻度で，ほぼリアルタイムに把握することができるようになっている．

その大雨による洪水への対策である河川氾濫や流域監視には，それに特化した低コストな危機管理型水位計や，静止画像を無線で送信する簡易型河川監視カメラの設置が進んでいる．また，搭載されたグリーンレーザーによる点群計測[21]データからの水面下にある川底の地形把握や，無人化や省力化された河川巡視が可能になるため，ドローンの導入も行われている．一方で，大都市圏で

---

[18] Wide Area Network．正確には「広域IPイーサネットサービス」は，WANサービスの1つである．

[19] Monitoring of Waves on Land and Seafloor

[20] https://typhoon.yahoo.co.jp/weather/jp/earthquake/kyoshin/

[21] 無数の点測定を行うことで3次元データを得る方法．

の局地的な大量降水では，下水道がたびたび問題になる．この浸水被害の軽減を図るため，下水路に設置したセンサーに基づく管路内水位などのデータをリアルタイムに取得し，雨量の情報などと合わせて分析をすることで，河川からの逆流を防ぐ設備である樋門の開閉判断への支援，さらには開閉操作の遠隔化や自動化が推し進められている．

これら豪雨などにより発生する土砂災害に対してもさまざまなデジタルデータ利用の取り組みが行われている．上述した広域的な降雨状況を高精度に把握するレーザー雨量計や監視カメラに加えて，地滑り監視システムなどによる遠隔監視で異常の有無をリアルタイムに監視しており，大規模な斜面崩壊の発生に対し，迅速な応急復旧対策や，的確な警戒避難による被害の防止や軽減のため，得られる観測データから，発生位置や規模を早期に検知する取り組みを進めている．加えて，災害地の浸水範囲や土砂崩壊が起きた箇所の把握に，JAXAの有する陸域観測技術衛星「だいち2号」による緊急観測データの提供も受け分析に取り込んでいる．

災害が発生した際の情報共有にもビッグデータが活用される．内閣府では，災害時の関係機関同士での情報共有の方法や，そのやりとりのルールを規定し，そのルールで情報のやりとりを行う「災害情報ハブ」を推進している．2019年からは，大規模災害時に，被災情報や避難所などの情報を集約，地図化し，それらを提供するなど，地方公共団体などの災害対応を支援する現地派遣チームである災害時情報集約支援チーム「ISUT」[22]の運用を開始して，災害時対応を行っている(図5.5)．

被災地支援の取り組みでは民間事業者によるものも行われている．KDDIでは，GPSから取得したスマートフォンの位置情報とスマートフォンの契約者の年齢や性別などの属性情報を紐付けて地図情報と重ねることで，人の流れや滞在状況を可視化できる「KDDI Location Analyzer」を提供している．被災地の住民が情報発信をしなくとも，自動取得された数日前の位置情報データを活用することで，各避難所の避難者数の推移や，車中泊や在宅避難といった，指定避難所以外の場所に避難した人の状況や傾向を把握できるため，現場の被災者支援に活用することが期待されている．

---

[22] Information Support Team

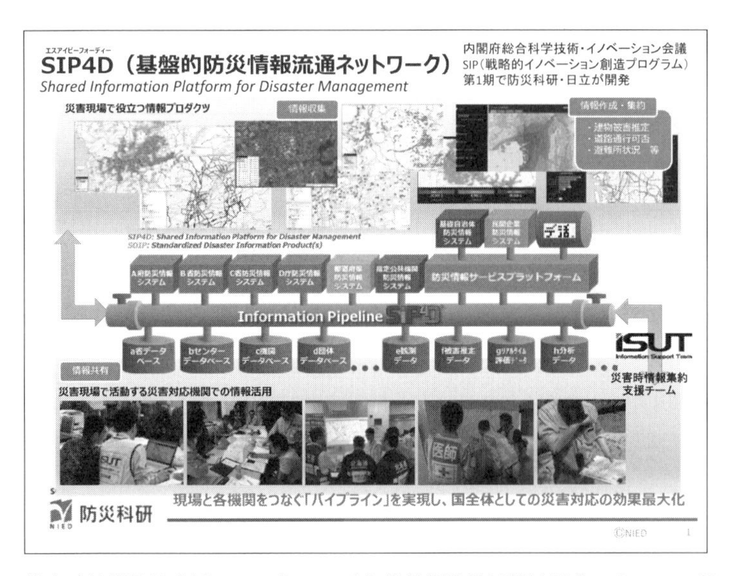


**図5.5**　災害時情報集約支援チーム「ISUT」と基盤的防災情報流通ネットワーク「SIP4D」
出所：総務省「令和3年版情報通信白書」
https://www.soumu.go.jp/johotsusintokei/whitepaper/ja/r03/pdf/index.html

火災に対する防災や消防にもデータサイエンスの手法が取り入れられつつある．発生する事故の多くが火災になりかねない，エネルギー関連の事業所では，「スマート保安」という考えに基づいて，さまざまなDXの推進が行われている．

石油コンビナートや化学コンビナートでは，コンビナート火災とよばれる大規模な火災に備える必要がある．コンビナートは敷地が広く，発生する災害規模も大きくなってしまうため，IoTやAI技術の導入による効率の効果が高い．例えば，IoTにより施設内にある各種物質(石油などの化学物質など)の状況をリアルタイムで監視し，データベースへ情報の蓄積を行うことができる．災害発生時には，現場で収集した情報も加えてAI判断を行うことで，災害被害の予測，消火に使う消化剤(泡薬剤)の必要量の計算，最適な避難誘導，消火部隊やその応援部隊の配置の最適化などを支援することが可能になる．また，ロボットやドローンにより情報収集と消火活動を同時に行うこともでき，消火部隊にスマートグラス[23)]を配備することで，情報収集と連携を行うといった将来像も

23) ネット通信が可能で視野内に画像の投影ができるメガネ型のウェアラブルデバイス

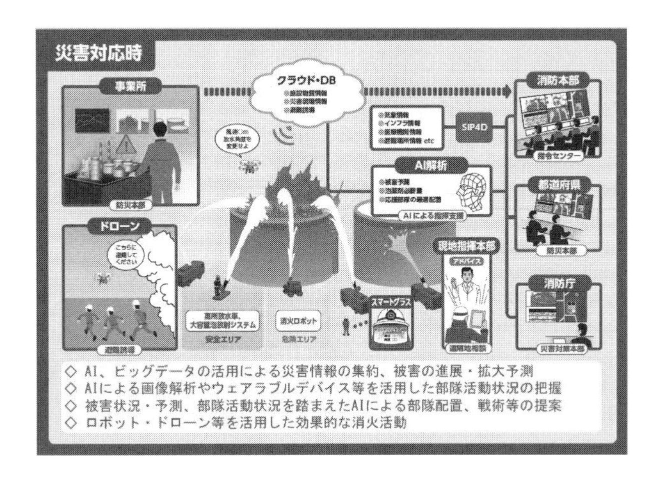


**図 5.6** 石油コンビナート災害対応の未来像
出所：消防庁「令和 3 年版 消防白書」
https://www.fdma.go.jp/publication/hakusho/r3/63931.html

検討されている (図 5.6). 判断支援などへの AI 活用に関しては，経済産業省と厚生労働省が共同で「プラント保安分野 AI 信頼性評価ガイドライン」を作成し，安全性と効率性の達成に努めている.

また，我々の生活での身近な例としては，ガソリンスタンドでの監視業務の AI 支援があげられる．セルフ式のガソリンスタンドでは，給油の際に，危険物取扱者の資格を持つガソリンスタンドの店員が監視カメラなどで安全確認を行い，給油を許可する安全装置を解除してから給油が行われる仕組みになっている．この安全確認こそが火災を防ぐための重要な業務であるが，この業務の負荷軽減を進めるために，監視映像への AI による支援が開発されている．給油口へのノズルの挿入といった給油者の行動や，煙草などの火気の有無，給油口以外への給油行為の発見などを AI の判断により警告することで，人の見逃しによる事故の軽減を図ることができる．さらには，AI 判断で給油の許可を自動で行うシステムも視野に入れ，ガイドラインの整備なども検討されている.

火災が発生した際の消防活動にも AI 技術の支援が組み込まれつつある．消防指令システムでは，通報の音声電話，画像や動画，代理通報機関 (民間警備会社など) からの通報情報，自動通報装置からの情報から出動などの各種指令を発令

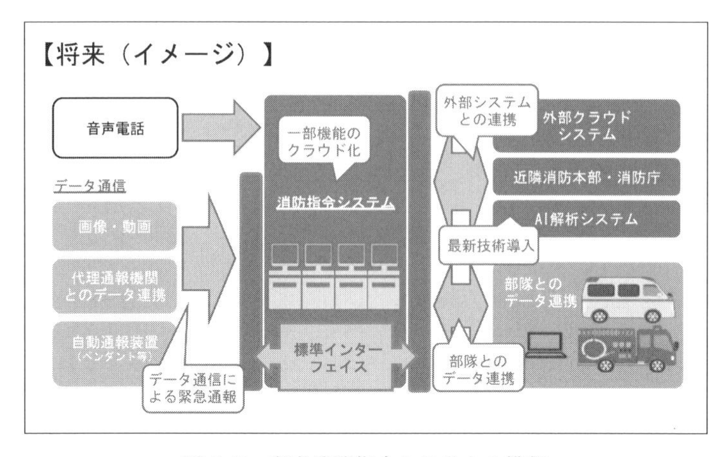


**図 5.7**　高度消防指令システムの構想
出所：消防庁「令和 3 年版 消防白書」
https://www.fdma.go.jp/publication/hakusho/r3/63931.html

するが，この判断に対し AI の支援を行うことで迅速かつ能率的な消防活動が期待される (図 5.7).

### 5.2.3　安全・安心な生活のための施策

我々の身近な安全施策や，近年の増加が著しい国内外からのサイバー攻撃への対応にも，デジタル化された技術が多く使われている．

標高情報を記す地形図は，登山者やハイカー (ハイキングをする人) にも多く利用されている．この地形図に記される登山道は，遭難などの山岳事故を防ぐためにも重要な地図情報であるが，風雨などによる地形の変化から，その位置が変わることもある．この地形図の登山道を，より正確に表示するため，登山者が所持するスマートフォンに記録された移動の経路情報などのビッグデータを民間事業者から提供してもらうことで，地形図や登山道の情報を修正する取り組みが行われており，全国の主な山の登山道が修正されている．特に山間部では，携帯電話の電波が届かないこともあり，GNSS などの位置情報をスマートフォンのアプリに記録しておき，電波が有効なエリアに到着したときにまとめて送信する仕組みなどが導入されている．こういった位置情報の活用の一例として，登山用のスマートフォン用 GPS アプリである「YAMAP」を運営して

**図 5.8** 登山用 GPS アプリ「YAMAP」
画像提供：株式会社ヤマップ

いる株式会社ヤマップ[24]では，アプリから得られた登録者の行動記録から迷いやすい登山道などを分析して公表し遭難事故の低減に貢献していることなどがあげられる．

地方創生の切り札ともされるインバウンド (訪日外国人による旅行) の観光行政では，日本を訪れる多くの外国人への配慮が課題になっており，ビッグデータの活用によるさまざまな施策が行われている．たとえば，国際空港の周辺道路では外国人による交通事故が多発している．主に外国人観光客が使うレンタカーでの事故であるため，レンタカーに取り付けられている ETC2.0 機器から収集されるデータを分析することで，外国人特有の事故危険箇所を特定することができるようになっている．その分析結果から，多言語による注意喚起の看板を該当箇所付近に設置する，多言語対応の安全啓蒙パンフレットを外国人観光客に配布するなどの対策が行われている．ETC2.0 は，2015 年から開始された新たな電子料金収受システム (ETC[25]) で，高度道路交通システム (ITS[26]) の一翼を担う道路交通技術である．高速道路の料金支払い以外にも多くのサービスが付加されており，2021 年時点で 625 万台の車に搭載されている．搭載車の走行履歴と挙動履歴のデータが自動で収集され，高速道路に 1,800 箇所設置

---

[24] https://yamap.com/
[25] Electronic Toll Collection System
[26] Intelligent Transport Systems

されている路側機との通信によりデータセンターに送信される仕組みになっている．得られる情報は，時間，位置，速度，加速度，ヨー角 (車が左右にどのくらい回転しているか) などの物理的な情報で，これにより移動経路や，急ブレーキ・速度超過などの車の挙動を分析することができる．この情報の活用は外国人観光客への対応だけに留まらず，日本全国の危険箇所検出による交通事故予防や，ピンポイント的な渋滞への対策，「ETC2.0 Fleet サービス」による物流用の車両を運用する企業での物流管理に応用されている．

外国人観光客への多言語対応自体にもビッグデータが活用されている．総務省と国立の研究開発法人である情報通信研究機構 (NICT [27]) が翻訳データを集積して活用する「翻訳バンク」の運用を開始し，これまでデータが不足していた言語での翻訳データの集積を行っている．このデータを活用し，近年増加傾向にある外国人傷病者への対応として，救急現場で使用頻度の高い会話表現を素早く利用できる翻訳アプリ「ボイストラ (Voice Tra)」(図 5.9) が開発され，全国の消防本部で導入が進み，2020 年には 70％の消防本部で利用されて成果を上げている．

**図 5.9**　VoiceTra の操作画面
出所：`https://voicetra.nict.go.jp/picture01.html`

[27] National Institute of Information and Communications Technology

直近であり現在も続いている新型コロナウイルス感染症対策でも，多くのビッグデータ活用が行われている．新型コロナウイルス接触確認アプリ「COCOA」[28]とは別に，国や地方公共団体は，ビッグデータを用いた正確な国内の状況把握のための情報収集を行っている．人流把握や感染クラスターの早期発見のために，内閣官房，総務省，厚生労働省，経済産業省の連名により，プラットフォーム事業者や移動通信事業者へ統計データの提供が要請されている．この要請で供されたデータを基に内閣官房が運用する「新型コロナウイルス感染症対策ウェブサイト」[29]で，特別警戒都道府県や全47都道府県における人流の変化などの分析データを提供し続けている．また，厚生労働省ではこれらの分析結果から，医師の配置の最適化，健康相談体制の充実などの各種取り組みを展開している．また，人々の感染症やそれに関連する手続きなどに関する問い合わせが，行政機関や医療機関へ大量に寄せられ対応に追われる状況が多発しているが，ここにもAI技術の応用が進められている．千葉県では，県民からの新型コロナウイルス感染症へのさまざまな問い合わせに対応するため，多言語AIチャットボットによるQ&Aシステム[30]を運用している．この運用により，24時間体制での問い合わせ対応が可能になっただけではなく，多くの外国人への対応も容易となっている．

保育行政にもAI技術の応用が始まっている．保育所への入所選考業務は，入所希望者の世帯状況，入所先の優先度，兄弟姉妹児の入所希望など，多様で複雑な要素が介在する中で，迅速かつ公正に行う必要がある．多くの自治体では，入所選考を職員が手作業で行っており，近年の希望者の増加や，それに伴う選考業務の複雑化，時間外勤務の増加による職員の負担増など，多くの問題を抱える．香川県高松市では，この入所選考にAI技術を導入することで，選考業務の処理時間の軽減を目指す実証実験を行っている．情報システムで管理している保育所の入所状況などの情報，市の選考ルール，各保育所の空き状況，申請のデータ (家庭の状況や希望先などのデータ) を基にAIに学習させることで，AI入所選考システムが，新たな申請者に対し希望を最大限満たす選考結果を導き出す．導入時には，並行して行った従来どおりの手作業による選考と比較した

---

[28] COVID-19 Contact-Confirming Application

[29] `https://corona.go.jp/`

[30] `https://covid19-chiba.obot-ai.com/`
対応言語は，6か国語 (日本語，英語，中国語 (繁体字・簡体字)，韓国語，タイ語)．

結果，99.15％の成功率を達成している．AIシステムへのデータ入力には多くの手作業が残っている状態ではあったが，従来2,000時間程度かかっていた選考作業が，600時間程度に圧縮されることになった．

ビッグデータを活用する官民協働の取り組みも多くある．例えば，KDDIとセコムでは，東大阪市と協力し東大阪市花園ラグビー場のスタジアム周辺をAI，ドローン，ロボット，および警備員が装備したカメラによって警備する5G (第5世代通信) 活用の実証実験を行っている[31)]．これは，セコムの移動式モニタリング拠点「オンサイトセンター」で，KDDIの「スマートドローン」，セコムの自律走行型巡回監視ロボット「セコムロボットX2」，警備員に装備した各カメラからの4K映像を5Gを経由して収集し，AI技術により人物の行動認識解析で得られた異常を自動認識し管制員に通知することで，対象警備エリアにおける異常の早期発見と緊急対処を行うシステムである (図5.10)．両社はさらなるドローンの活用として，テラドローン社を加え南相馬市において沿岸部を中心とした広域における施設警備の実証実験も行っている[32)]．

インターネット上の防犯にもビッグデータが用いられている．警視庁サイバーフォースセンターでは，インターネットに設置したネットワーク通信のセンサーで検知したアクセス情報を，リアルタイムに集約し分析することで，DoS攻撃 (サービス不能攻撃) の発生や，コンピュータウィルスなどに感染したコンピュー

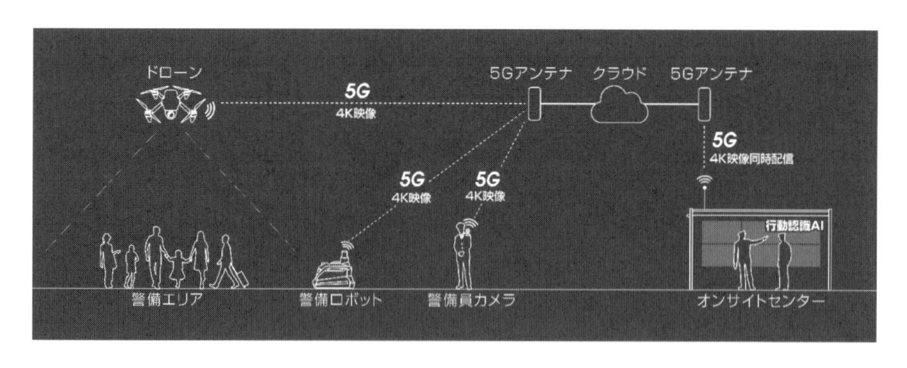


**図5.10**　警備の実証実験イメージ図

画像提供：KDDI株式会社

31) https://news.kddi.com/kddi/corporate/newsrelease/2019/08/19/3963.html
32) https://news.kddi.com/kddi/corporate/newsrelease/2020/03/19/4322.html

タの動向を把握する「リアルタイム検知ネットワークシステム」を24時間体制で運用している．この分析結果は，重要インフラ事業者へ情報提供が行われるほか，警視庁ウェブサイト「@ Police」[33]で公開されており，1つの通信センサーにつき，20秒に1回という高頻度で世界中から不審なアクセスが行われている様子がわかる．

国防を担う防衛庁でもAI技術の開発は進められている．AI技術は，状況を大きく変える「ゲーム・チェンジャー (Game Changer)」とよばれる最先端技術に位置づけられ，戦略的に重要な装備や技術分野において技術的優越を確保する必要がある．戦術支援システムともよばれるC4Iシステム[34]や，戦闘支援無人機にAI技術が導入される可能性が高いであろう．

## 5.3 企業経営分野

情報化とグローバル化の進展が，ダイナミックに企業環境を変化させている．こうした変化に対応すべく，企業は，ヒト，モノ，カネ，情報といった3M+I (Man, Material, Money + Information) の経営資源を有効に活用している．こうした経営資源は，人的資源管理，生産管理，財務管理，情報管理などにより，管理されている．DX (デジタルトランスフォーメーション) や21世紀の産業の米であるデータ活用が叫ばれるなかで，企業の基幹系システムに蓄積された眠ったデータやPOSシステムにより収集されたデータとその活用が期待されている．

### 5.3.1 人的資源管理

企業における人的資源 (組織メンバー) は，他の経営資源の管理とは大きく異なる特徴を有している．それは，組織メンバーが欲求や感情などを持った行動主体であり，他の経営資源を活用することができるという点である．さらに，組織メンバーは顕在的な能力のみならず，潜在的な能力も有し，成長していく．そこで人的資源管理には，組織メンバーの能力を引き出し，意欲を高めるような支援が期待される．

---

[33] https://www.npa.go.jp/cyberpolice/

[34] 「C Quadruple I system」と読む．Command Control Communication Computer Intelligence system.

こうした人的資源管理において，重要な情報やデータが人事情報である．人事情報は，職務に関する情報 (仕事) や人的資源に関する情報 (人) などにより構成され，採用・配置や昇進・昇格，教育訓練など，人的資源管理における多くの領域の基礎資料を提供する役割を果たす．一方，人的資源管理には，職務評価や人事考課のように評価の問題が介在する．これらには客観性・信頼性が求められる．もし，主観的で信頼性の低い評価データとなれば，こうした評価データは人的資源管理にとって，基礎資料としての役割を果たさなくなる．

グローバル化，少子高齢化が進み，人的資源を取り巻く環境が大きく変化しつつある．多様で柔軟な働き方が進み，これまでのメンバーシップ型を中心とした日本型雇用システム (終身雇用または長期的勤続傾向) とともに，ジョブ型雇用システム，兼業・副業，テレワークなど，人的資源に対する新たな課題となる．こうした雇用環境の変化に対応するためにも，人事情報の活用が重要になってくる．

### 5.3.2　生産管理

#### 5.3.2.1　生産管理とは

生産管理とは，顧客からの注文や販売予測に基づいて，人や機械・設備などの生産能力を検討し，技術部門や購買部門との調整をもとに生産計画を立てることにより，製造ライン，数量，納期を明確にするものである．その際，QCD，すなわち品質 (Quality)，原価 (Cost)，納期 (Delivery) に対して，十分な注意を払い，市場に必要なものを，必要なときに，必要な分だけを作ることが求められる．とくに，不特定多数の顧客を想定して，需要予測に基づき生産者自身が製品の仕様と生産数量を決定する見込み生産では，需要予測の精度が低いと多量の在庫を抱えることになる．こうした需要予測は生産計画にとっての基本的な入力情報となる．需要予測においては，需要変動を適切に分析し推定することが，精度の高い需要予測にとってのポイントになる．

#### 5.3.2.2　時系列分析

需要変動の分析は時間の経過にしたがって観測される時系列データを対象とする．一般的に時系列データの変動要因として，主に次の4つの変動がある．

**傾向変動** 長期にわたり一方的な (上昇，または下降の) 方向を維持するような変化.

**循環変動** 景気変動のような，ある一定の周期性を持つ波動.

**季節変動** 家庭用エアコンのように，毎年同じ時期に山と谷を繰り返す，1 年周期に限定された波動.

**残差変動** 短期的に起こる不規則な変動.

#### 5.3.2.3 分析方法

製品の需要量や売上高などを予測する方法には，さまざまな分析手法・分析モデルが開発されている．この予測方法の代表的なものとして，回帰分析モデルや移動平均法がある.

**回帰分析モデル**

回帰分析モデルは，製品の需要量とそれに影響を与える要因との因果関係を分析する．相関関係の強い要因のみを選択し，需要予測のための回帰方程式を導くモデルである．分析において重要な点は，どのような社会・経済現象であっても，それに関与するすべての要因を把握することは困難である．そのため，主要な要因のみに着目して予測することが重要である．一方向的な原因・結果の関係 (説明変数 $x_i \rightarrow$ 目的変数または被説明変数 $y$) と，こうした原因・結果の関係を 1 つの関数 $y = f(x_1, x_2, \ldots, x_i, \ldots, x_p)$ で表すことにより，予測対象 (目的変数) と諸要因 (説明変数) との関係を簡潔な形式でモデル化している.

**移動平均法**

移動平均法は，傾向変動と循環変動，さらに傾向変動や循環変動に含まれない不規則な変動 (不規則変動) も含まれているとみなされる場合に適用されることが多い．$n$ 期間の時系列データである製品の需要量 (需要系列) を $x(1), x(2), \ldots, x(t), \ldots, x(n)$ $(t = 1, 2, \ldots, n)$ とする．この $t$ 時点における製品の需要量 $x(t)$ に対して，その前後の $N$ 期間 $(N < n)$ を設定し，その期間内の平均値 $X(t)$ である移動平均値を算出する．$N = 3$ であれば，移動平均値 $X(t)$ は,

$$X(t) = \frac{1}{3}\Big\{x(t-1) + x(t) + x(t+1)\Big\}$$

となる．これにより，不規則な変動の時系列データを平滑化 (スムージング) することが可能になる．一般に，$N$ が奇数の場合，$N = 2m + 1$ とすると，$t$ 時点での移動平均値 $X(t)$ は，

$$X(t) = \frac{\sum_{i=-m}^{m} x(t+i)}{2m+1}$$

となる．一方，$N$ が偶数の場合，$N = 2m$ とすると最初と最後の項に 1/2 の重みをつけることにより，$t$ 時点での移動平均値 $X(t)$ は，

$$X(t) = \frac{\frac{1}{2}x(t-m) + \sum_{i=-m+1}^{m-1} x(t+i) + \frac{1}{2}x(t+m)}{2m}$$

となる．

### 5.3.3　品質管理

日本の製品・サービスは品質が高いという評価を世界から受けている．これを支えているのがきめの細かい品質管理 (QC, Quality Control) である．品質管理は，大量生産が行われるにつれて，その重要性が高まった．特に日本における品質管理は，専門の検査業務と，各生産工程で品質を作り込むことをめざした TQC/TQM や QC サークル活動の両面から展開されている．

#### 5.3.3.1　TQC/TQM

TQC とは，総合的品質管理 (Total Quality Control) の略であり，品質検査で不良品を発見するのではなく，製造工程全般，さらには経営・管理全般の活動が関与する品質管理である．TQC は A・V・ファイゲンバウムが提唱した概念であり，品質管理のスペシャリストが中心となって展開するものであった．一方，日本に導入された TQC は，品質管理部門のみならず，ライン部門・スタッフ部門や管理者・経営者も参画した品質管理であり，QC サークル活動との相乗効果により日本の TQC として発展してきた．TQC は，TQM (Total Quality Management) とよばれるようになってきた．QC サークルは，職場内での品質管理を主体的に行うための小集団活動である．この活動では，メンバー相互の自己啓発によって，QC7 つ道具をはじめとした QC 手法を積極的に活用しながら，職場内の品質管理，業務改善が行われている．

#### 5.3.3.2 統計的品質管理

統計的品質管理 (SQC, Statistical Quality Control) とは，品質管理を科学的・定量的に行うための統計手法を積極的に活用した品質管理である．ウォルター・A・シューハートが管理図を品質管理に応用してから，多くの企業でさかんに活用されるようになった．日本では，戦後，W・エドワーズ・デミングが経営者，管理者，技術者，研究者に統計的品質管理を紹介し，多くの企業に普及していった．統計的品質管理には，QC7 つ道具のような比較的簡単な手法から，統計的推定・検定，分散分析，実験計画法，多変量解析など，多くの方法があり，活用されている．

#### 5.3.3.3 QC7 つ道具

QC サークル活動では，職場の品質管理や業務改善に QC7 つ道具が積極的に活用されている．QC7 つ道具とは，ヒストグラム (度数分布)，層別，チェックシート，特性要因図，パレート図，散布図，管理図である．

1. **ヒストグラム (度数分布)**：観測データをいくつかの区間に分類し，各区間に対応する観測データの個数を表したものが度数分布表であり，これをグラフに表したものがヒストグラム (柱状グラフ) である．グラフの形状から観測データの特性が理解しやすくなる．
2. **層別**：複数の要因が混在したデータを，要因ごとに分類することを層別という．層別により，本来の要因が明らかになり，問題解決に有効となる．
3. **チェックシート**：さまざまな事象について，その度数を簡単に整理・集計することができるようにしたシートである．
4. **特性要因図**：魚の骨の形をした図であり，特性 (結果) に対して要因 (原因) がどのように関係しているかを整理したものである．特性要因図は，ブレーン・ストーミングの結果を整理して図に表すときに，しばしば用いられる．
5. **パレート図**：柱状グラフと折れ線グラフを結合させたグラフである．横軸に層別した原因・要因などの項目をとり，度数の大きい順に並べ，縦軸に度数および度数の累積した値をとる．多くの場合，現象の発生した原因・要因は，累積度数が 70 %程度の上位の少数項目に含まれるため，この図から大きな原因・要因を把握しやすくなる．

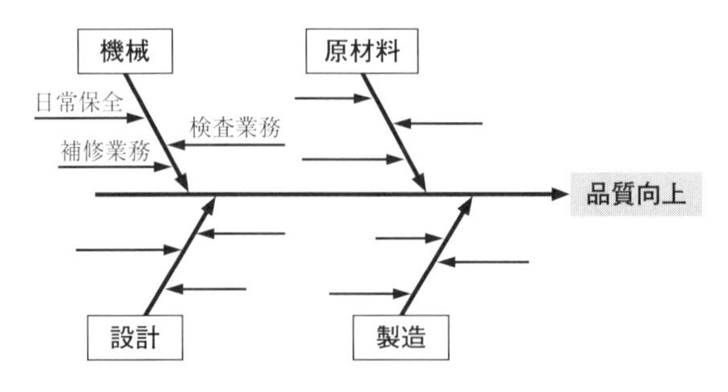


**図 5.11**　特性要因図の例

6. **散布図 (相関図)**：2つの変数間の関係を表すためのグラフが散布図であり，相関関係の分析に用いられるため，相関図ともよばれる．2つの変数の観測データをプロットし，これらが直線的に並んでいる場合は，2つ変数間の相関が強いことが視覚的にわかる．
7. **管理図**：品質特性値の分布に管理限界を設定し，データと中心線，管理限界との関係によって，工程の異常または不安定な状態を判断するための図法である．管理図には，使用目的と品質特性により，下記のような種類がある．

   **$\bar{x}$-R 管理図**　$\bar{x}$ は平均値，R は分布の幅 (レンジ) であり，平均値とレンジを用いて管理する．図 5.12 では，管理図のプロットの変化により，工程が正常であるか，異常が発生しているかを判断する．図 5.12 の場合は，管理限界の外にある点があり，工程に何らかの異常の発生が考えられる．

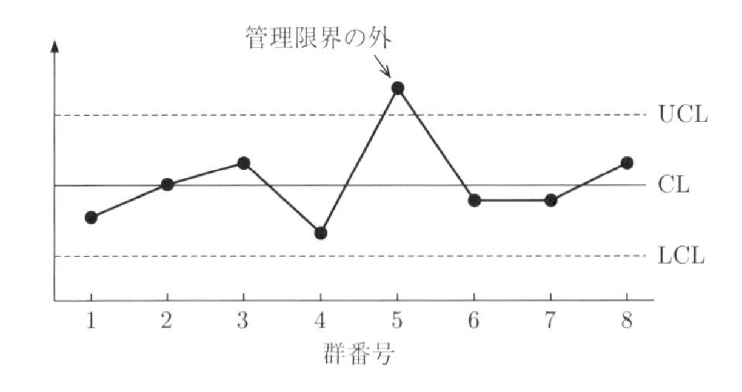


**図 5.12**　$\bar{x}$-R 管理図の例

**$\bar{x}$-$\sigma$ 管理図** $\bar{x}$ は平均値，$\sigma$ は標準偏差であり，平均値と標準偏差を用いて管理する．

**$\tilde{x}$-R 管理図** $\tilde{x}$ は中央値 (メジアン)，R は分布の幅 (レンジ) であり，メジアンとレンジを用いて管理する．

**p 管理図** 不良率 p を管理する．

**pn 管理図** 不良個数 pn を管理する．

**c 管理図** 欠点数 c を管理する．

**u 管理図** 単位当り欠点数 u を管理する．

### 5.3.4 財務管理

金融・証券市場における資産の運用・調達の方法は多様化と複雑化の様相を深めている．そのため，資産運用をいかに効率的に行うか，さらにはデリバティブ (金融派生商品) などの取引手法をどう活用するかという問題に対して，数学モデルやコンピュータを利用する方法が試みられている．この金融の分野に，数学モデルやコンピュータを利用するものを一般に金融工学とよぶ．

#### 5.3.4.1 ポートフォリオ理論

資産運用を行う場合に，投資家はできるだけ高い収益を望むであろう．しかし，資産運用には通常，リスクも生じる．一般的に，リスクが高ければ高い収益を得る確率も高くなり，逆にリスクが低ければ収益も低くなる．これまで，「1 つのかごにすべての卵をいれるな！」という格言とともに経験と勘により，分散投資が行われていたが，これを科学的・定量的に理論化したのがマーコビッツのポートフォリオ理論である．ポートフォリオ理論は，資産を組み合せて (ポートフォリオ)，効率的に運用するための理論である．このポートフォリオ理論は「平均・分散モデル」といわれるようにリスクを分散 (または標準偏差) で捉えるところに特徴がある．そこで，複数のいろいろな期待収益率とリスクを持つ資産を組み合せた結果として，期待収益率が一定のときのリスクがいかに小さくなるかということを求めることにより，最適な投資資産の組み合わせを求めることができる．

ポートフォリオの期待収益率と分散をそれぞれ $\mu_p$, ${\sigma_p}^2$，各投資資産の期待収益率と投資比率をそれぞれ $\mu_i$, $w_i$，投資資産間の共分散を $\sigma_{ij}$ とすると，次のような2次計画問題として定式化できる．

$$\text{最小化}\quad {\sigma_p}^2 = \sum_{i=1}^{n}\sum_{j=1}^{n} w_i w_j \sigma_{ij}$$

$$\text{制約条件}\quad \mu_p = \sum_{i=1}^{n} w_i \mu_i,\ \sum_{i=1}^{n} w_i = 1,\ w_i \geq 0\ (i = 1, 2, 3, \ldots, n)$$

#### 5.3.4.2　オプション取引

企業財務の高度化・複雑化とともに，リスク・コントロールにデリバティブ(金融派生商品) 取引が行われている．デリバティブとは，株式や債券などから派生した新たな金融商品であり，先物，スワップ，オプションなどの取引方法がある．とくに，オプション取引は，実務のみならず，金融工学を理解するためにも重要である．オプション取引とは，特定の原資産を決められた価格で，一定の期間内で売買する権利である．この権利には原資産を買う権利 (コール・オプション) と売る権利 (プット・オプション) がある．たとえば，買い手は，あらかじめ決められた価格 (権利行使価格) で原資産を「買う権利」を買う．もし，利益が生じないとなれば，権利を放棄することで，オプション価格 (オプション・プレミアム) のみの損失でリスクを回避することができる．従来，この適正なオプション価格を算定することは困難であった．このオプション価格を適性に算定するための評価モデルが，ブラック＝ショールズ・モデルである．ヨーロピアン・タイプ (満期日のみ権利を行使できる) のコール・オプション $C$ は次式で求めることができる．

$$C = SN(d) - K\mathrm{e}^{-rT}\, N(d - \sigma\sqrt{T})$$

$$d = \frac{\log\left(\dfrac{S}{K}\right) + \left(r + \dfrac{\sigma^2}{2}\right)T}{\sigma\sqrt{T}}$$

$$\begin{cases} S & \text{証券 (株式) の現在の価格} \\ K & \text{行使価格} \\ r & \text{無リスク金利} \\ T & \text{満期日までの期間} \\ \sigma & \text{ボラティリティ} \\ \log & \text{自然対数} \\ N(d) & \text{標準正規分布における } -\infty \text{ から } d \text{ までの確率} \end{cases}$$

## 5.4 健康分野

健康栄養学の分野は，データサイエンスの活用によって，この数年で大きく変化した分野の1つである．個人の生活に目を向けると，IoTの整備と技術の進歩により，日常生活における健康，運動，食事といった人々の行動はデータサイエンスの恩恵を大きく受けている．また，健康栄養学の学術分野においては，調査データを統計的手法を用いて分析することが一般的となっており，精度の高い分析結果として広く信頼されている．そして，統計解析ソフトの普及により，その傾向はますます強くなっている．後半ではその統計学の手法の1つを紹介する．

### 5.4.1 献立作成アプリ

現在は，健康に関連したアプリケーションソフト(以後アプリ)が多く存在している．数年前であれば，コンピュータでインターネット上のウェブサイトにアクセスして，自分に合った健康法を探す，自身の運動を記録する，食事の献立やレシピを探す，自分が作った料理を紹介するなど，インターネット上のサービスを利用する人が多く存在していた．その後，このコンピュータによるアクセスの制約は，スマートフォン，タブレットPC，ウェアラブル端末の登場により，どこにいてもインターネットに常時接続できる状態へと変化したことでなくなった．現在では，こうしたモバイルデバイス上の自分の好みのアプリを用いることで，健康に関連する情報を時間や場所を問わずいつでも手に入れることができる．また，自分の運動，食事といったデータがアプリを通じて次々と蓄積される時代となった．さらに，こういったサービスを利用する人が増えた現在では，膨大なデータが生み出され，ビッグデータによるデータ駆動型社会による大きなイノベーションを迎えている．この節では「献立作成アプリ」に注目して，新しく導入された技術とサービスをみていく．

たとえば，個人の「目標」，「食事の制約」，「消費カロリー・摂取カロリー」などをもとにして献立を作るには，数年前であれば，本を読んで勉強したり，インターネットやテレビで知識を集めたり，健康栄養学に詳しい人に相談するといった方法がとられていただろう．さらに，献立が決まるとレシピを調べ，レシピに合わせて家にないものを買い物にいくという行動が発生する．献立は，1週間くらいの単位で過去に食べたものを思い出し，栄養の過不足を調整する必要もある．また，家族の食事も作るのであれば，さらに献立を考えるときの条件は多くなる．家で食事を作る際に，調理そのものよりも献立を考えることを面倒に感じる人も多いだろう．しかし，最近の「献立作成アプリ」では，こうした複雑に絡み合った条件をクリアして最適な献立を紹介してくれる．

世の中にはさまざまなアプリがあるので，その機能の多くを取り入れた架空のアプリの概要を説明する．ここでは献立作成に必要な情報を取得する機能を大きく，「個人の目標」，「食材の在庫管理」，「摂取カロリーと栄養素」，「個人の好み」に分け (図5.13)，それぞれの機能について説明する．

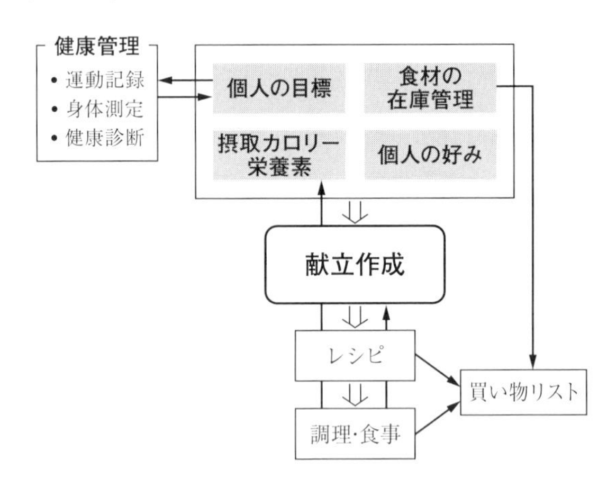


**図5.13**　最新の機能を盛り込んだ「献立作成アプリ」の概念図

### (1) 個人の目標

各個人には「献立作成アプリ」を使うにあたり目標があるだろう．その目標は多岐にわたっており，体力維持・増進，ダイエット・スタイルの維持，病気の治療・加療・予防などがある．食事の好みや食べたいものは，別枠でもよいし，ここに入れてもよい．なかでも，病気についての項目は，大変幅が広く専門的で情報の更新が早い分野である．病院に通っていれば医師に相談できるが，そうではない人は個人で調べるには限界がある．現在の，「献立作成アプリ」ではビッグデータの中から有用な情報を抽出し，病気や健康状態に合わせた献立づくりをしているものもある．たとえば，「おいしい健康」というアプリでは，病気の予防やダイエット・メタボリックシンドローム (メタボ) 対策，妊娠中，生活習慣病など 50 以上のテーマに対応している[35]．また，利用者が自身の「健康管理データ」を取得するアプリを使用していれば，その連携も考えられるであろう．「献立作成アプリ」自体にそのような機能が実装されているものもある．

### (2) 摂取カロリーと栄養素

摂取したカロリーや栄養素の記録も重要な機能の一部となる．この情報により，摂取量が目標や制限を越えているものがあれば注意したり，摂取量が足りないものがあれば献立に反映する必要がある．毎食「献立作成アプリ」で紹介されたメニューを食べていれば，そのまま情報が登録されるのでアクションは不要である．一方，外食をしたり，お弁当を購入したときには，自ら情報を登録する必要がある．こうした食事の登録は，データサイエンス・AI により利便性が高くなった分野の 1 つである．以前は，材料やメニューを自分で入力する，項目から選ぶなどの方法がとられていて，利用者にとっては手間のかかる作業であった．それが，技術の発展により，AI による画像認識によって食事メニューや成分を判別できるようになった[36]．いまでは，スマートフォンを使って食事の写真を撮るアクションだけで，摂取したカロリーと栄養素を登録できるようになっている．図 5.14 は，そうしたアプリの 1 つである「あすけん」[37]の食事画像解析の画面である．また，健康管理アプリ「カロミル」では 7 項目の主要要素に加え，12 項目のビタミン・ミネラルの解析もできる[38]．創作メニューで上手く情報が得られなかった場合は，そのメニューを登録することで，AI を学習させる機能がついたアプリもある．

### (3) 食材の在庫管理

冷蔵庫や冷凍庫の中身，常温で保存するもの，調味料の在庫管理は献立を決める上で重要な情報である．冷蔵庫の中身だけで一食分を用意することや，冷

---

[35] 「おいしい健康」https://oishi-kenko.com/service_description

[36] 参照：KDDI 総合研究所 プレスリリース「動画解析と対話エージェントによる食習慣の改善に向けた研究を開始」
https://www.kddi-research.jp/newsrelease/2021/112503.html

[37] AI 食事管理アプリ「あすけん」 https://www.asken.jp

[38] 健康管理アプリ「カロミル」https://www.calomeal.com/about-calomeal/

**図 5.14**　「あすけん」の食事画像解析の画面
画像提供：AI食事管理アプリ「あすけん」

蔵庫の中身を使い切ることは家計の観点からも，フードロス問題の観点からも必要なことである．現在，手入力以外に在庫情報を登録するには，項目一覧から選ぶ，出し入れの際に写真を撮影して登録する，商品のバーコードを読み取って登録するなどの方法がとられている．他にも，生活協同組合 (生協) のような宅配サービスだけで食材を購入している場合，購入の際の情報を自動登録して献立を作るアプリもある．実験段階では，カメラと感圧センサなどのセンサを組み合わせて在庫や賞味期限を AI で自動認識する方法が試されている．また，献立の作成に直接関わることではないが，冷蔵室内をカメラで撮影して IoT 技術によってスマホアプリに情報を送る冷蔵庫が市販されている (図 5.15)．外出中に献立を決めて，帰りに買い物をするときなどに有用である．

### (4) 個人の好み

多くの「献立作成アプリ」は，利用者の好みを事前に登録しておける．また，暑い日には冷たいものを，寒い日には温かいものを食べたくなる人，旬の食材を好む人も多い．個人の食の嗜好を心理学と AI を組み合わせて見える化するアプローチも行われている[39]．

---

[39] 参照：ニチレイの食嗜好分析システム「conomeal (このみる)」
`https://www.nichirei.co.jp/news/2020/357.html`

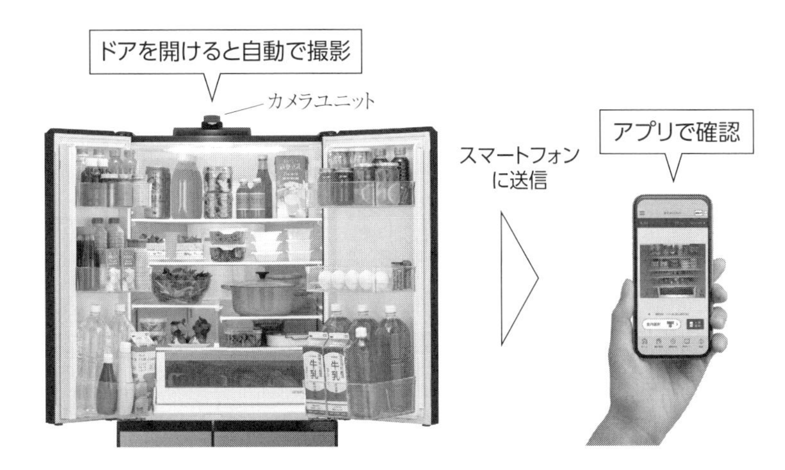


**図 5.15** 日立製のカメラ付き冷蔵庫 (R-HXCC62S). 冷蔵室のドアを開けるたびに冷蔵室内を自動で撮影する. IoT 技術で, 外出先でもスマートフォンで中身を確認できる.

写真提供：日立グローバルライフソリューションズ株式会社

### (5) 献立作成

上記の (1)〜(4) の情報をもとに AI が献立を作成し提案する. こうした多くの情報と複雑な条件から, 解答を導くことは AI ならではの仕事であり, 人間が不得意とする分野である. 献立, メニュー, レシピを管理栄養士が作成していることを謳い文句にしている「献立作成アプリ」も多い.「7000 人の管理栄養士が登録しています」,「管理栄養士が作ったレシピが 1 万点」といった宣伝文句を目にすることも少なくない.

「献立作成アプリ」の例をみると, 献立を作成するところを AI に任せているアプリが多くみられ, 本来の管理栄養士の仕事が AI に置き換わっているように感じる. 管理栄養士がレシピを作るとしても, 登録してしまえば再利用が可能なので, 仕事は登録のときの 1 度だけとなる. さらに, こうした「献立作成アプリ」の制作会社が, 医療機関や社会福祉施設へ進出する例も見られる. こうした現状から, 管理栄養士の仕事は AI に置き換わるのか, といった議論もある.

しかし, AI が不得意とする状況もある. 例をあげると,「利用者の職種がかわり生活習慣が急に変わる」,「不況などにより利用者の経済状態が変わる」,「パンデミックにより世界的な生活の変化が進行する」などである．こうした，個人や社会の過去のデータが未来に適用できないような状況は，AI が最適な献立を提示することを妨げる．こうした状況では，人間の管理栄養士の判断のほうが勝るであろう．また，個人の性格により，気まぐれに「献立作成アプリ」のメニューを実践したりしなかったりする人に対しても，このアプリの有効性は低い．個人に寄り添う栄養指導が必要であろう．

### 5.4.2　健康栄養分野の調査研究

健康栄養分野では「ある行いによって健康状態が改善した」という調査研究を目にすることがある．たとえば「栄養食事指導を行ったところ 3 カ月後に BMI [40] の減少が見られた」とか「塩分摂取量を 1 日 6 g 以下に制限した場合と制限をしない場合で血圧を比べると，1 年後に制限した人の血圧の低下が見られた」[41] という調査などがある．こうした調査では，人間全体や日本人全体，50 歳代 ∼60 歳代の日本人が調べたい対象全体となる．その一方，調べたい対象全体のデータを記録することはできないので，標本調査 (2.4.3 項) を行うことになる．

さまざまな調査において，調べたい対象全体を母集団とよぶ．標本調査とは，上記の例の「栄養食事指導を行なったところ 3 カ月後に BMI の減少が見られた」では，あるまとまった人数の被験者を標本として「栄養食事指導」を行い，開始時と 3 カ月後に標本の健康状態の指標となる値 (BMI) のデータを集め，開始時の平均値と 3 カ月後の平均値を比べることである (対応のあるデータの平均の差)．また，「塩分摂取量を 1 日 6 g 以下に制限した場合と制限をしない場合で血圧を比べると，1 年後に制限した人々の血圧の低下が見られた」例では，1 年後に「塩分制限」を行ったグループ (標本 1) と行わなかったグループ (標本 2) でそれぞれの健康状態を表す値 (拡張期血圧，収縮期血圧) のデータを集め，標本 1 と標本 2 の平均値の違いを比べることである (対応のないデータの平均の差)．このように，標本のデータの平均の差を使って母集団の平均の差が有意かどうかを議論する．そのためには，統計的な推論が必要になる．こうした手法

---

[40] Body Mass Index. 体重 $w$[kg] と身長 $h$[m] から次式で算出される肥満度を表す体格の指数．$\mathrm{BMI} = \dfrac{w}{h^2}$.

[41] 日本高血圧学会では 1 日 6 g 未満の減塩を推奨している．

を「平均の差の検定」とよぶ.

平均の差の検定では，まず，帰無仮説として 2 つの母集団の平均が等しい，対立仮説として 2 つの母集団の平均が異なる (2 つの母集団の平均の一方が大きい) とする．例にあげた 2 つの調査では，平均値に変化が見られることが良い結果につながるので，調査結果において帰無仮説が間違っていると判断できると「行い」が成功したことになる．次に，帰無仮説が間違っていると判断する (帰無仮説を棄却する) 基準となる確率，有意水準 (危険率) を設定する．一般的には，5 % (0.05)，1 % (0.01) とすることが多い．そして，対立仮説を平均が異なるとした場合は両側検定，一方の平均が大きいとした場合は片側検定を検討法に選択する．この後，検定のための統計量

$$t_0 = \frac{\text{標本の平均の差}}{\text{標本の平均の差の標準偏差}}$$

を計算する．平均の差の検定では，この $t_0$ が $t$ 分布という確率分布に従うことを利用する.

ここで，さまざまな自由度に対する $t$ 分布を図 5.16 に示す．自由度とは，ここではサンプルサイズ (標本のデータの個数) から 1 を引いたものに対応する．$t$ 分布では，ある値 $t$ の範囲で確率密度関数のグラフと横軸で囲まれた部分の面積で，$t$ がその範囲の値をとる確率を表す．例えば，図 5.17(a) では，灰色の部分の面積が，$t$ が 1 より小さい値をとる確率を表す．また，図 5.17(b) では，濃い灰色の部分の面積が，$t$ が 1.5 より大きい値をとる確率を表す.

$t_0$ を計算する際の「標本の平均の差」や「標本の平均の差の標準偏差」と自

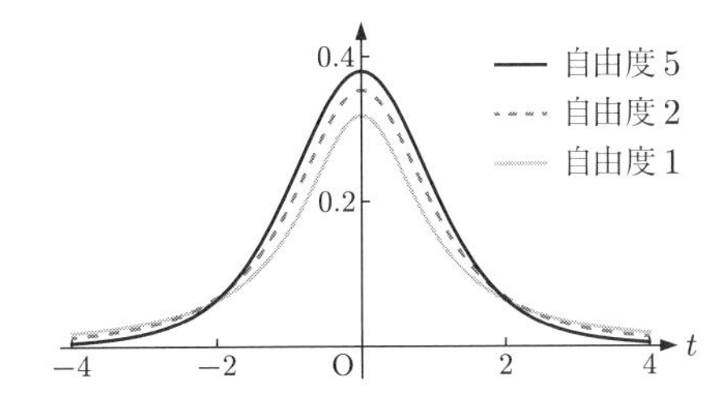


**図 5.16** $t$ 分布の確率密度関数．横軸は $t$，縦軸は確率密度．灰色の線が自由度 1，灰色の点線が自由度 2，黒色の線が自由度 5 の場合の確率密度関数である．自由度を大きくすると標準正規分布に近づく.

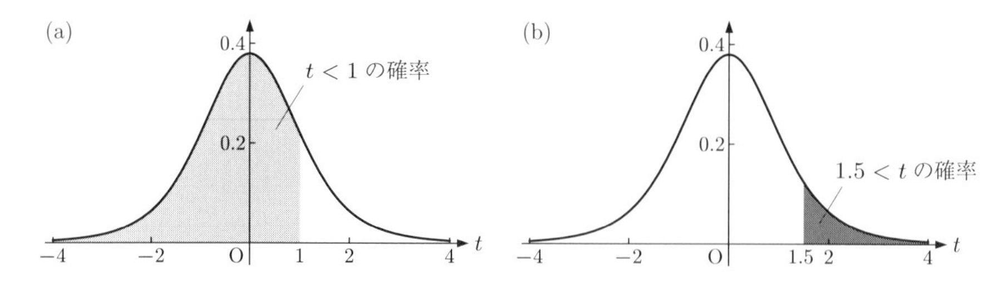


**図 5.17**　確率密度関数のグラフと横軸で挟まれた領域の面積によって，ある事象が起こる確率の大きさを表す．(a) の図で灰色に塗られた部分の面積が $t$ が 1 より小さい値をとる確率．一方，(b) の図で暗い灰色に塗られた部分の面積が $t$ が 1.5 より大きい値をとる確率．

由度は標本の統計量から計算でき，対応がある場合，対応がなく等分散を仮定できる場合，対応がなく等分散を仮定できない場合など調査の条件に応じて適切なものを使う必要があるが[42]，ここでは詳しい説明は割愛する．

多くの研究分野では，$t$ 分布を用いて有意水準から有意点 (棄却限界) $t$ を算出して，$t$ と $t_0$ の大小から帰無仮説の採択，棄却を判断する．一方，健康栄養分野では，まず，$t$ が $t_0$ 以上になる確率 $p$ を計算する (図 5.18)．統計学の専門用語では，$p$ の値を「$P$-値」と呼ぶ．$P$-値と有意水準の大小から帰無仮説の採択，棄却を判断する．両側検定では $P$-値と有意水準の半分 (0.025, 0.005) を，片側検定では $P$-値と有意水準 (0.05, 0.01) の大小を比べ，$P$-値が大きければ帰無仮説を採択，$P$-値が小さければ帰無仮説を棄却し対立仮説を採択する．

なお，こうした分析に統計解析ソフトを用いた場合は，論文中に以下のように示すことが広く浸透している．

「統計解析ソフト IBM SPSS18 (日本 IBM[43]，東京) を用いて解析した．」

とくに，ここで，統計的な分析手法として「平均の差の検定」を取り上げたのは，健康栄養分野の特徴として

- 平均値の差を議論する調査が多い
- $P$-値を使った仮説の棄却・採択の判断が健康栄養分野では一般的である

---

[42] 調査の条件に応じた場合分けは，武藤志真子編著，『管理栄養士・栄養士のための統計処理入門』(建帛社，2012) などが参考になる．

[43] SPSS は IBM 社が製造・販売している統計解析ソフトウェアで調査データの分析で高い信頼を得ている．

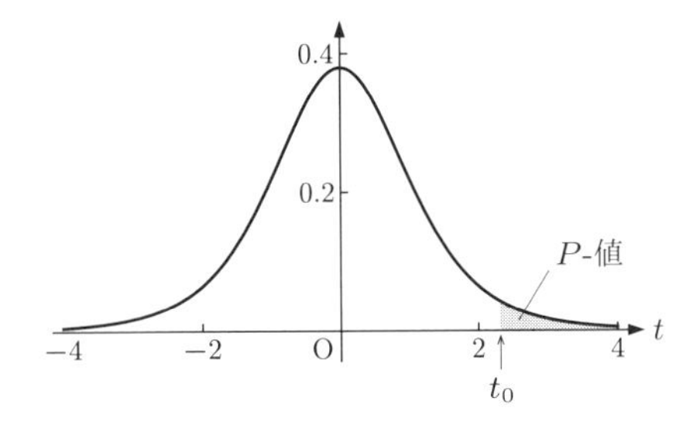


**図 5.18** $t$ の値が $t_0$ より大きい事象が起こる確率 $p$ ($P$-値) を示した図

が，他の多くの研究分野では有意水準から有意点を算出し判断することが標準である

- 統計解析ソフト IBM SPSS が多く用いられている

ということを知識として身に付けておいてほしいからである．

## 5.5 スポーツ分野

### 5.5.1 スポーツテック

スポーツの世界において ICT やデータを積極的に活用する動きが広がり，スポーツとテクノロジーをかけあわせた「スポーツテック」という言葉が注目されるようになってきた．AI やビッグデータの解析，IoT 機器などの ICT を活用することによってスポーツの競技レベル向上をはかるだけでなく，そこから得た情報を使って新たなファンを獲得することにもつなげている．たとえば，動画撮影技術の向上により，テニスや野球，サッカーでのビデオ判定が一般的となり，試合における判定の信頼性を高めている．スポーツを専門にしたデータ分析企業も現れており，今後，ますますスポーツテックは盛んになるとみられている．

競技スポーツにおけるデータ活用の例として，バレーボールにおけるデータバレーが有名である．イタリアの Data Project 社の製品であるデータバレー[44)]は，試合における選手の動きをリアルタイムで記録しながら選手のパフォーマンスを確認したり，複数の試合の分析を統合することで相手チームの特徴を見つけたりするなど，チームの戦略を考える手助けとなっている．紙と

[44)] https://www.dataproject.com/Products/GLOBAL/en/Volleyball/DataVolley4

ペンによって記録していた試合のデータが，1982年のデータバレーの登場以降はコンピュータを用いた記録に変わり，バレーにおけるデータ分析を劇的に変えることにつながった．

IoT機器をスポーツに取り入れている例も数多くある．2000年頃よりマラソンなどのレースではICタグを用いたタイムの自動計測が行われるようになっている．シューズやゼッケンにICタグを取り付けておき，スタートや中間地点，ゴールに置かれたICタグの読み取り機によって通過時刻を記録し，スコアや順位に反映させるというものである．それまではストップウォッチによる手動計測だったため大勢の人手が必要だったが，ICタグを用いることで，より正確・確実な測定に加え，ゴール後即座にスコアをタイムボードで共有できるなど，優れた点を持っている．

テレビの野球中継で，投球後に球速が表示されているのを見たことがあるだろう．これにはスピードガンが用いられている．発せられたマイクロ波の電波がボールに当たって反射すると，ドップラー効果により周波数が変化する．スピードガンはこの変化を捉えて球速を求めている．スピードガンでは測定の仕組み上，球速しか得ることができない．投球の軌道や回転方向・回転速度といった情報を得るには，レーダードップラー式弾道測定器やカメラなど，より大掛かりな測定装置が必要となる．それらの情報を得るために，センサと通信装置をボールに内蔵した製品 (図5.19) も現れている．ボール内の加速度，ジャイロ，地磁気センサによる計測データをBluetooth通信によって近くのスマートフォンやタブレットに送信し，計算されたボールの球速，回転速度，回転軸角度を表示させる仕組みになっている．利用者はこれらの情報によって投球のパフォーマンスを評価したり，トレーニング方法を改善するといった活用ができる．

### 5.5.2　IoTやAIを活用した体操競技採点システム

2019年10月にシュツットガルトで開催された第49回体操世界選手権において，富士通が開発したAI体操採点システムが採点支援システムとして正式に採用された．このシステムは，3Dセンシング技術で選手の骨格の3D座標を求めて実施技を特定するもので，より公平かつ正確な採点の実現を目指して，審判が活用するために開発されたシステムである (図5.20)．

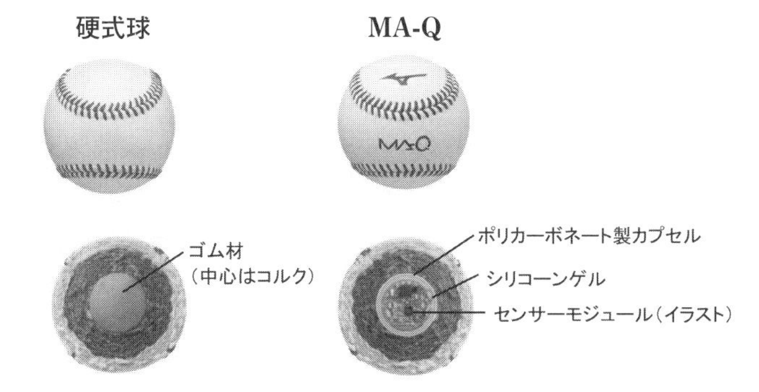


**図 5.19**　センサ内蔵野球ボール MA-Q (ミズノ株式会社)
画像提供：ミズノ株式会社

**図 5.20**　2022 世界選手権リバプール
画像提供：富士通株式会社

体操競技では，男子でゆか，あん馬，つり輪，跳馬，平行棒，鉄棒の 6 種目と，女子で跳馬，段違い平行棒，平均台，ゆかの 4 種目があり，2017 年版の採点規則におけるすべての技の総数は，男子が 819，女子が 549 となっている (なお，2022 年版採点規則では男子の技の総数が減少している).

技の採点は，技の難度を示す D スコア，技の出来栄えを示す E スコアから，演技領域からの逸脱や時間超過などを減じた合計によって行われる．D スコアと E スコアは独立した複数の審判員によって判定され，目視と手作業によってスコアが算出されている．採点の基準については採点規則によって定められているが，人間の審判員を想定しているため若干のあいまいさがある．たとえ複数の審判員がいても高速で複雑な動きをする技において，関節のまがり角度などを目視で確認した上で正確に判定するのは非常に難しい．大会によっては公平性を担保するために審判員の入れ替えを行わないことがある．早朝から深夜まで終日にわたって判定を続けるため，審判員に対して肉体的・精神的に大きな負担を強いることになる．先のAI体操採点システムは，3Dセンサやカメラを用いて人の動きをデジタル化し，骨格認識ソフトウェアから得た骨格情報と技のデータベースによって技の認識を行うものである．人体に付けたマーカーを目印として骨格を認識するのが一般的だが，大会ではマーカーを付けて競技することはできないため，独自に開発したソフトウェアによって骨格を認識するようになっている (図5.21)．認識された骨格は技のデータベースと照合することで，適切な高さや角度，持続時間になっているかなどを判定し，技の難易度や評価点を求めている．審判員の客観的な判断を支援するため，システムは判定の根拠となる情報を数値で示したり，さまざまな方向から3次元的に表示するといった工夫がなされており，より公平で正確な採点に役立っている (図5.22)．

一般的に，こういったシステムは大がかりでコストも増えてしまうため，大規模な大会でないかぎり利用することは難しいが，高額な3Dセンサを安価で入手しやすいビデオカメラへ置き換えるなど，利用しやすくするための改良が続けられている．

また，体操競技以外の競技への応用も行われている．1つの例としてゴルフ練習を支援するシステムが挙げられる．ビデオカメラで撮影されたスイング映像から骨格を認識し，プロゴルファーのノウハウをもとに作られたゴルフスイ

**図5.21**　AI体操採点システムの概要
画像提供：富士通株式会社

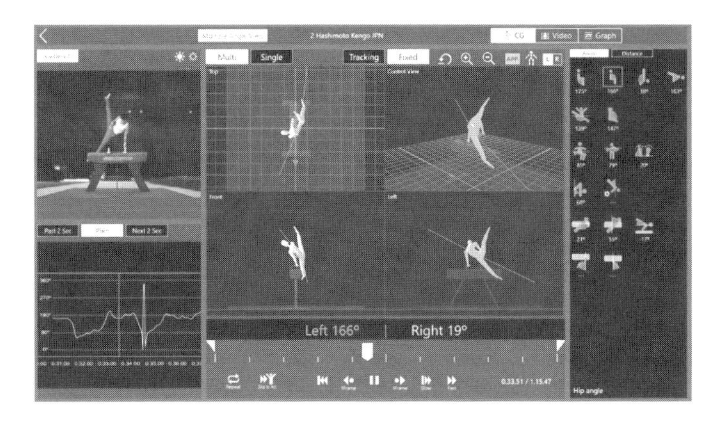


**図 5.22**　AI 体操採点システム
画像提供：富士通株式会社

ングの AI データベースを用いてスイングを分析し，改善点をアドバイスするといったものである．このシステムによってスイング指導のあいまいさを減らし，より適切なトレーニングが行えるようになっている (図 5.23)．

このように，さまざまなスポーツの現場において，IoT や AI などが活用されていることがわかる．

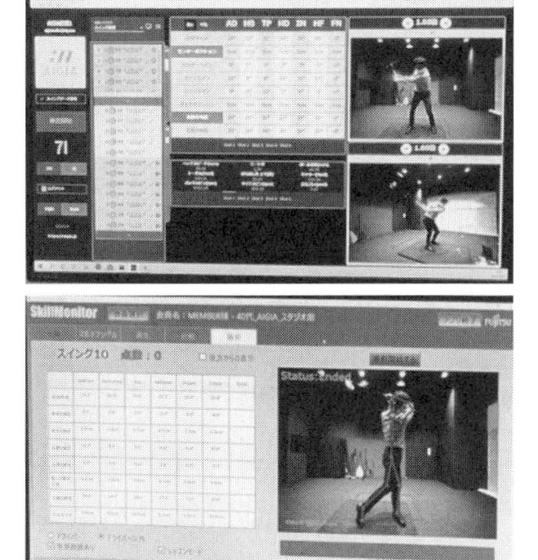


**図 5.23**　総合的なゴルフスウィング分析を AI で
画像提供：富士通株式会社

### 5.5.3　デジタルヘルス

スマートフォンに万歩計アプリをインストールして日々の歩数を計測したり，スマートウォッチの心拍計や睡眠計によって健康管理をすることは珍しくなくなった．以前であれば特別な装置を必要としていたものが，身につけて持ち歩ける機器に埋め込まれるようになり，常時継続してデータを収集しながら分析することができるようになった．

デジタルヘルス (Digital Healthcare) とは，「デジタル技術を活用し，予防から治療，回復まで，健康を維持あるいは取り戻すためのすべての行為」をいう．医療機関において用いられている電子カルテなどに加えて，生活や健康に関する情報を個人が蓄積することも増え，また，そういった情報を総合的に解析して健康管理や診断を行うような AI が登場するなど，ヘルスケアを取り巻く環境においてもデータや AI が活用されるようになっている．

スマートフォンやスマートウォッチなど，個人が自己の生活・健康・医療などに関する情報を蓄積し，管理できるようにしたものをパーソナル・ヘルス・レコード (PHR) という．母子手帳やお薬手帳といった紙の冊子に情報を記録するものは古くからあるが，デジタル技術を活用した PHR がますます盛んに活用されるようになってきた．

実際，お薬手帳はスマートフォンのアプリとしても実現されており，手軽に利用できるようになっている．この背景としては，東日本大震災においてお薬手帳を持たずに避難した被災者に対して，提供すべき薬の特定に困難を極めたことがあげられる．スマートフォンは避難時でも持ち出している可能性が高く，服用中の薬の情報がクラウドに保存してあれば，万が一の際にも安心して利用することができる．

母子手帳についても，2020 年よりマイナポータルにおいて母子保健情報の一部が閲覧可能となっているが，厚生労働省が 2022 年に開いた「母子健康手帳、母子保健情報等に関する検討会」における見直しの中で「母子健康手帳の電子化」についても検討が行われている．

一方，医療機関では電子カルテなど，すでにデジタル化された医療情報を活用している．このように，検査結果や診断，処方箋の記録など医療機関において電子的に記録された情報のことを，エレクトリック・ヘルス・レコード (EHR) という．

今後は PHR や EHR など人々の健康や医療に関する情報をあわせて活用するようなサービスが現れると見られている．実際，ある生命保険会社ではスマートフォンにインストールしたアプリを通じて，ウォーキングやフィットネスジム利用など，健康増進の取り組みの度合いに応じてポイントを付加し，一定程度のポイントによって月々の保険料を割り引くといったサービスを行っており，個人の健康管理に対する意識を高めながら，保険者の医療負担を減らすことにつなげている．

スポーツテックで紹介した AI 体操採点システムはスポーツに特化したものだったが，同じ仕組みをヘルスケアに応用するシステムも開発されている．体幹の柔軟性を測定するシステムでは，1 台のウェブカメラをもとに骨格の認識を行い，どの程度の柔軟性を持っているかを評価した上で，適切に改善をはかるトレーニング方法を提案する (図 5.24)．体幹の柔軟性の低下は腰痛の原因となり，ひいてはロコモティブシンドローム (運動器症候群) を引き起こす可能性がある．ICT を活用することで日常的に効果的なトレーニングを行うことができるようになれば生活の質を改善し，健康寿命を延ばすことにもつながるだろう．

**図 5.24** 人の動きを解析して Quality of Life の向上へ
画像提供：富士通株式会社

### 5.5.4　日常生活の調査

データサイエンスの応用として，生活や健康に関するデータを自分自身で分析することを考えてみよう．スマートフォンのアプリを用いた健康管理は，手軽な一方で提供されたサービスを通じてしか自身のデータを見ることができないので，Excel など PC を使って自分でデータを蓄積し，分析することにしよう．

生活や健康に関するデータにはさまざまなものがあり，興味・関心を持ったものを毎日少しずつ記録していくのがよいだろう．以前筆者が担当した授業では，日常生活の様子や健康に関する記録，日々のスポーツトレーニングに関する記録を取って分析するという演習を行った．このときに記録したデータ項目を例としてあげる．

**【日常生活・健康に関するデータ】**

- 記録した日付 (月日)
- 前日の就寝時刻
- 今朝の起床時刻
- 起床時心拍数 (1 分間の心拍数を記録)
- ねむさを感じるか (以下，4 段階で度合いを記録)
- 頭痛があるか
- 食欲があるか
- 身体に脱力感があるか
- 息苦しいか
- 喉が乾くか
- 便通があったか (以下，はい・いいえを記録)
- 朝食を食べたか
- 昼食を食べたか
- 夕食を食べたか
- 3 食以外食べたか
- 30 分以上の運動をしたか
- 手足の筋肉が速く動くか (以下，4 段階で度合いを記録)
- 集中力があるか

- 満足感があるか
- 疲労感があるか

上記に加えて，体重やトレーニング量，スマートフォンのアプリ利用時間など，各自の興味・関心にあわせた項目を追加してもよい．データを記録する方法としては，上記の項目を1週間記載できる用紙に記入する方法 (図 5.25) や，Excel などに入力したり，スマートフォンにメモを取るなどさまざまな方法がある．

一定期間 (1〜2 カ月程度) データを記録した後で，記録・入力したデータを Excel にまとめ，各項目の基礎統計量を求めて全体的な傾向を調べたり，睡眠時間と体調の関係，あるいは，運動量と体調の関係などを調べることができる．また，心理テストなどの結果と組み合わせて，体調とメンタルの関係などを調べてみるのもよい．

このようにデータサイエンスで学んだことを活かして，スポーツや自身の健康に関わるさまざまなデータを分析してみると，より学びを深めることができるだろう．

| 項目 | | | | | | | | |
|---|---|---|---|---|---|---|---|---|
| **1. 調査日** | | | | | | | | |
| 調査した日付 | | ／ | ／ | ／ | ／ | ／ | ／ | ／ |
| **2. 睡眠** | | | | | | | | |
| 前日の就寝時刻 | | : | : | : | : | : | : | : |
| 今朝の起床時刻 | | : | : | : | : | : | : | : |
| 起床時心拍数　(1分間の回数) | | 回 | 回 | 回 | 回 | 回 | 回 | 回 |
| **3. 日常生活(4段階であてはまる数字を書く)** | | | | | | | | |
| ねむい | はい:1−2−3−4:いいえ | | | | | | | |
| 頭痛がある | はい:1−2−3−4:いいえ | | | | | | | |
| 食欲がある | はい:1−2−3−4:いいえ | | | | | | | |
| 身体に脱力感がある | はい:1−2−3−4:いいえ | | | | | | | |
| 息苦しい | はい:1−2−3−4:いいえ | | | | | | | |
| 喉が乾く | はい:1−2−3−4:いいえ | | | | | | | |
| 便通がある | はい:1　いいえ:2 | | | | | | | |
| **4. 食物調査(あてはまる数字を書く)** | | | | | | | | |
| 朝食を食べた | はい:1　いいえ:2 | | | | | | | |
| 昼食を食べた | はい:1　いいえ:2 | | | | | | | |

⋮

**図 5.25**　記入シート例

# 6 より進んだ学習のために

ここまで，現代社会におけるデータサイエンスの役割からデータの入手方法，データ分析の基礎となる統計学や実際の分析手法，コンピュータソフトウェアや実際の応用例について述べてきた．読者としては文科系も含んだ大学生全般を想定しているため，できるだけ数式を使わずに記述したが，そのためもあって記述が不十分になってしまった部分もある．最後に，それらの補足も含めて，より進んだ学習のための参考文献を紹介する．

### 第1章　現代社会におけるデータサイエンス

現代社会におけるデータサイエンスの役割や実際のビジネスへの応用方法などについては数多くの書物が出版されているが，いくつか代表的なものをあげると，

○ 西内啓，『統計学が最強の学問である』(ダイヤモンド社，2013)

は，データサイエンスという言葉が現在ほどポピュラーでなかった時代にその有用性を紹介し，当時ベストセラーとなった本である．

○ 竹村彰通，『データサイエンス入門』(岩波新書，2018)

は，最近の動向まで含めて，データサイエンスの現状などを紹介している．

○ 河本薫，『会社を変える分析の力』(講談社現代新書，2013)

は，データサイエンスを実際のビジネスに活かすコツを，筆者の経験も踏まえながら紹介している．

○ キャシー・オニール (久保尚子訳)『あなたを支配し、社会を破壊する、AI・ビッグデータの罠』(インターシフト，2018)

は，原題 (2016) が Weapons of Math Destruction で大量 (mass) 破壊兵器と数学 (math) を掛けており，データサイエンス・AI がもたらす負の側面について豊富な事例を交えて論じている．この著者による TED カンファレンスの講演動画も参考になる．日本語字幕付きのものがインターネット上に無料で公開されている．

データの入手方法として，本文では e-Stat や RESAS を紹介した．これらは本を読むよりも実際にパソコンを使うことのほうが大事であるが，あえて書籍を紹介すると，

○ 総務省統計局，『誰でも使える統計オープンデータ』(日本統計協会，2017)

は，もともと MOOC 講座 (大規模オンライン講座) のオフィシャルスタディノートとして発行されたものであるが，e-Stat のさまざまな機能や活用事例を紹介している．

○ 日経ビッグデータ，『RESAS の教科書』(日経 BP 社，2016)

は，RESAS の使い方や地方自治体における活用事例を，フルカラーの写真込みで紹介している．

## 第 2 章　データ分析の基礎

第 2 章ではデータサイエンスの基礎となる統計学の初歩について簡単に述べたが，データサイエンスをきちんと理解し最新の手法にもついていくためには，統計学をきちんと学ぶ必要がある．大学生であれば，自分の大学で統計学の講義を選択するのが一番よいが，テキストをあげるとすると，

○ 日本統計学会編，『改訂版 統計検定 3 級対応　データの分析』(東京図書，2020)

○ 日本統計学会編，『改訂版 統計検定 2 級対応　統計学基礎』(東京図書，2015)

がある．これらは日本統計学会が実施している「統計検定」に対応したテキストであり，3 級が高校卒業程度，2 級が大学基礎程度に対応している．これらの

テキストで学習した後に実際に検定試験を受けてみるのもよいだろうし，検定試験の過去問集も別途販売されている．

- ○ 日本統計学会編，『統計学Ⅰ：データ分析の基礎 オフィシャルスタディノート 改訂第2版』(日本統計協会，2019)
- ○ 日本統計学会・日本計量生物学会編，『統計学Ⅱ：推測統計の方法 オフィシャルスタディノート 』(日本統計協会，2020)
- ○ 日本統計学会・日本行動計量学会編，『統計学Ⅲ：多変量データ解析法 オフィシャルスタディノート 』(日本統計協会，2017)

はMOOC講座のオフィシャルスタディノートであり，本来はオンライン講座を視聴しながら使うべきものであるが，MOOC講座のスライドもすべて収録されている．

統計学をきちんと理解するためには，線形代数や微積分の知識も必要である．これらに関するテキストは星の数ほど出版されているが，統計学への応用の観点から書かれたものとして次の書物をあげておく．

- ○ 永田靖，『統計学のための数学入門30講』(朝倉書店，2005)
- ○ 椎名洋・姫野哲人・保科架風，『データサイエンスのための数学』(講談社，2019)

これらは，統計学およびデータサイエンスで必要となる微積分および線形代数をコンパクトにまとめてある．これらのテキストだけで勉強するのが難しい場合は，大学生であれば，自分の大学で数学の講義を受講して，練習問題を解きながら数学を身につけるのがよいだろう．

### 第3章　データサイエンスの手法

この章では，回帰分析やクラスタリング，決定木分析などの手法を，数学的厳密さはある程度省略したうえで紹介したが，たとえば回帰分析については，統計学の標準的な教科書 (前掲『統計検定2級対応　統計学基礎』など) を参照されたい．この章では文科系の学生にも抵抗なく読んでもらえるよう，あえてコンピュータによる実際のデータ分析には触れなかったが，たとえば

○ 豊田秀樹編著,『データマイニング入門　R で学ぶ最新データ解析』(東京図書, 2008)

は, ニューラルネットワークや決定木, クラスター分析などを統計ソフト R を使って実際に適用する方法を紹介している. わたせせいぞう氏のカバーイラストも印象的な, 楽しい本である.

○ 秋本淳生,『改訂版 データの分析と知識発見』(放送大学教育振興会, 2020)

は, 放送大学の講義の教科書であるが, これも, R を使ってクラスター分析や決定木, ニューラルネットワークを実際に動かしてみるテキストである.

○ 今井耕介 (粕谷祐子, 原田勝孝, 久保浩樹訳)『社会科学のためのデータ分析入門　上・下』(岩波書店, 2018)

は, アメリカの大学教科書の邦訳だが, 実際の研究論文で扱われた「最低賃金の上昇と雇用」や「論文集『フェデラリスト』の著者予測」といったテーマを題材に, R で実際のデータを分析しながらデータ分析手法と R の使い方を入門から学ぶテキストである.

機械学習については, 本書では簡単な紹介しかできなかったが,

○ P. フラッハ (竹村彰通監訳)『機械学習 —データを読み解くアルゴリズムの技法—』(朝倉書店, 2017)

が, 入門書でありながらさまざまなトピックスを取り上げて楽しい本になっている.

## 第 4 章　Excel によるデータ分析

この章では, 実際に手を動かし結果を得るという実体験を得ることで, データ分析への入門とするため, あえて統計ソフトやプログラミング言語を用いず, 最も普及している表計算ソフトであるマイクロソフト社の Excel のみを分析用のソフトウェアとして用いて解説している. あまりデータ分析に詳しくない人を対象としているため, 本章では Excel がそれとなく使えさえすれば十分学習を進めることができるが, この先, 実際にデータ分析を行っていくための参考情報としては, できるだけ新しいウェブサイト・書籍を参照してほしい.

## 第 5 章　データサイエンス教育と社会への応用事例

この章では，日本という社会の中でのデータサイエンスの立ち位置や，その社会への応用を記した．ここには，各節での参考文献などを記す．

日本のデータサイエンスに関わる国家戦略は，特に AI 技術の戦略である「AI 戦略」に記されている．このような国家戦略に関わる資料は書籍の形にならずに各種委員会の会合などの資料として存在する．また，多くの政策が経済産業省で検討されており，経済産業省のウェブサイトで「AI 技術」などの用語を検索するとその様子をうかがい知ることができる．

○ AI 戦略
https://www8.cao.go.jp/cstp/ai/index.html

○ 経済産業省
https://www.meti.go.jp/

データサイエンス教育に関する資料は，文部科学省や，教育強化の拠点校と特定分野校で構成されているコンソーシアムで探すことができる．

○ 文部科学省 数理・データサイエンス・AI 教育
https://www.mext.go.jp/a_menu/koutou/suuri_datascience_ai/00001.htm

○ 数理・データサイエンス・AI 教育強化拠点コンソーシアム
http://www.mi.u-tokyo.ac.jp/consortium/index.html

行政における応用事例の多くは，政府刊行物であるさまざまな白書に記されることが多く，毎年度版を読み比べると施策の移り変わりも読み取ることができる．また，データサイエンスの応用である AI 技術を記した白書も多くの事例を知るには有用である．以下に，それぞれの本書の執筆時点での最新版をあげる．

○ 総務省，『情報通信白書 令和 4 年版』(日経印刷，2022)
○ 内閣府，『防災白書 令和 4 年版』(昭和情報プロセス，2022)
○ 消防庁，『消防白書 令和 3 年版』(日経印刷，2022)
○ 国土交通省，『国土交通白書 2022 令和 4 年版』(勝美印刷，2022)
○ 国家公安委員会・警察庁，『警察白書 令和 4 年版』(日経印刷，2022)
○ 防衛庁，『日本の防衛 —防衛白書— 令和 4 年版』(日経印刷，2022)

○ 情報処理推進機構 AI 白書編集委員会編,『AI 白書 2020』(KADOKAWA, 2022)

企業経営分野での応用は以下に詳しい.

○ 山下洋史,『人的資源管理と日本の組織』(同文舘出版, 2016)
○ 山下洋史・金子勝一,『情報化時代の経営システム』(東京経済情報出版, 2001)
○ 鄭年皓・山下洋史編著,『バランシングの経営管理・経営戦略と生産システム』(文眞堂, 2014)

統計処理や分析の方法が, 一般に広まっている手順と違う分野も存在する. 健康分野では $t$ 検定の行い方が異なっており, 詳細は次の書籍などを参考にするとよい.

○ 武藤志真子編著,『管理栄養士・栄養士のための統計処理入門』(建帛社, 2012)

スポーツ科学・スポーツ医学の視点から, データサイエンスによる分析や応用を解説した書籍としては, 以下が参考になる.

○ 清水千弘編著,『スポーツデータサイエンス』(朝倉書店, 2022)
○ 太田憲・仰木裕嗣・木村広・廣津信義,『スポーツデータ』(共立出版, 2005)

# 索　引

## ■ 記号英数字

■ あ 行



■ か 行

■ さ 行



■ た 行

■ な 行



■ は 行

■ ま 行



■ や 行



■ ら 行



■ わ 行

## —— 著者紹介 ——

### ● 編著者


竹村　彰通　（1.1 節）
　滋賀大学 学長

姫野　哲人　（2.4 節）
　滋賀大学データサイエンス学部 准教授

高田　聖治　（第 3 章，第 6 章）
　国際連合 上席統計官／アジア太平洋統計研修所 副所長

原　敏　（第 4 章，5.2 節，第 6 章）
　山梨学院大学学習・教育開発センター 教授


### ● 著者（五十音順）


和泉　志津恵（2.2 節，2.3 節）
　滋賀大学データサイエンス学部 教授

伊藤　栄一郎（第 4 章，5.5 節）
　山梨学院大学学習・教育開発センター 教授

市川　治
　滋賀大学データサイエンス学部 教授

梅津　高朗
　滋賀大学データサイエンス学部 准教授

金子　勝一　（5.3 節）
　山梨学院大学学習・教育開発センター 教授

北廣　和雄
　滋賀大学データサイエンス学部 特別招聘教授，北廣技術士事務所 所長

齋藤　邦彦　（1.3 節）
　名古屋学院大学商学部 教授，滋賀大学 名誉教授

佐藤　智和
　滋賀大学データサイエンス学部 教授

清水　智　（第 4 章）
　山梨学院大学学習・教育開発センター 教授

白井　剛
　滋賀大学データサイエンス学部 特別招聘教授，長浜バイオ大学バイオサイエンス学部 教授

田中　琢真　（2.1 節）
　滋賀大学データサイエンス学部 准教授

内藤　統也　（第 4 章，5.1 節，5.4 節）
　山梨学院大学学習・教育開発センター 教授

槙田　直木　（1.2 節）
　総務省統計研究研修所 統計研修研究官

松井　秀俊
　滋賀大学データサイエンス学部 教授

# はじめてのデータサイエンス

2023 年 3 月 30 日　　第 1 版　第 1 刷　発行
2023 年 9 月 30 日　　第 1 版　第 2 刷　発行

編　　集　滋賀大学データサイエンス学部
　　　　　山梨学院大学 ICT リテラシー教育チーム
発 行 者　発 田 和 子
発 行 所　株式会社 学術図書出版社
〒113−0033　　東京都文京区本郷 5 丁目 4 の 6
TEL 03−3811−0889　振替　00110−4−28454
印刷　三美印刷（株）

定価はカバーに表示してあります.



Printed in Japan
ISBN978−4−7806−1102−1　　C3040